"十四五"时期国家重点出版物出版专项规划项目

中国能源革命与先进技术丛书

储能科学与技术丛书

中国电力科学研究院科技专著出版基金资助

锂离子电池储能系统集成与一致性管理

惠 东 李相俊 杨 凯 许守平 贾学翠 刘 皓 **编著**

机械工业出版社

开展锂离子电池储能系统的集成、一致性管理、系统级监控与能量管理技术研究，实现锂离子电池储能系统高效、安全、稳定、可靠运行和维护，必将对锂离子电池储能系统的规模化应用产生重要影响。

本书对锂离子电池储能系统的集成关键技术进行了详细而深入的探讨。首先分析了锂离子电池储能系统集成技术的必要性，然后围绕锂离子电池系统集成过程中的电管理和热管理技术进行了详细分析；为了充分说明锂离子电池大规模系统集成中的关键要素，探讨了锂离子电池储能系统的拓扑结构及仿真模型；最后详细介绍了锂离子电池储能电站监控与能量管理技术，并通过应用案例阐述了锂离子电池储能系统集成与一致性管理。

本书遵循理论分析与工程应用相结合的编写原则，期望为大规模锂离子电池储能系统的设备集成、工程建设和运行管理提供有益借鉴和参考，并对推动锂离子电池储能系统的规模化应用发挥积极作用。

图书在版编目（CIP）数据

锂离子电池储能系统集成与一致性管理/惠东等编著. —北京：机械工业出版社，2022.11（2023.11 重印）

（中国能源革命与先进技术丛书. 储能科学与技术丛书）

"十四五"时期国家重点出版物出版专项规划项目

ISBN 978-7-111-71869-7

Ⅰ.①锂… Ⅱ.①惠… Ⅲ.①锂离子电池–储能–电站–系统集成技术 Ⅳ.①TM619

中国版本图书馆 CIP 数据核字（2022）第 196235 号

机械工业出版社（北京市百万庄大街 22 号　邮政编码 100037）
策划编辑：付承桂　　　　责任编辑：付承桂　朱　林
责任校对：潘　蕊　王明欣　封面设计：鞠　杨
责任印制：郜　敏
三河市宏达印刷有限公司印刷
2023 年 11 月第 1 版第 2 次印刷
169mm×239mm · 12.5 印张 · 12 插页 · 240 千字
标准书号：ISBN 978-7-111-71869-7
定价：89.00 元

电话服务　　　　　　　　网络服务
客服电话：010-88361066　　机 工 官 网：www.cmpbook.com
　　　　　010-88379833　　机 工 官 博：weibo.com/cmp1952
　　　　　010-68326294　　金 书 网：www.golden-book.com
封底无防伪标均为盗版　　机工教育服务网：www.cmpedu.com

前　　言

  储能在提升可再生能源消纳能力、促进多能源优化互补、构建用户侧分布式能源体系、实现能源互联和智慧用能等方面的重要作用得到了国家政策的许可和支持。随着我国新一轮电力体制改革政策的推进,储能的应用价值、商业化和规模化发展得到了社会的广泛关注与认可。

  近年来,储能技术的发展,已经从示范工程向商业化运行过渡,广泛应用于电力系统的发电、输电、配电、用电等各个环节。现阶段对于储能电站集成技术、投运前的安装调试、投运过程中的并网运行等都取得了一定的研究成果。对于锂离子电池储能系统的集成技术,由于锂离子电池本身的自有特性,储能电池成组集成具有多样化和差异化特点,同时随着储能电池运行时间的累计和运行模式的变化,储能电池的性能和状态会发生很大的改变,电池和电池之间会出现较为明显的差异化特征,这种差异化将会导致储能电站出现"木桶效应",造成储能电站运行效率降低,能量利用率显著下降和安全可靠性明显减弱。因此,开展锂离子电池储能系统的集成与一致性管理以及系统级监控与能量管理技术研究,实现锂离子电池储能系统的高效、安全、稳定、可靠运行和维护,必将对锂离子电池储能系统的规模化应用产生重要影响。

  本书以国家电网有限公司科技项目的研究成果为基础,对锂离子电池储能系统的集成关键技术进行了详细而深入的探讨。首先分析了锂离子电池储能系统集成技术的必要性,然后围绕锂离子电池系统集成过程中的电管理和热管理技术进行了详细分析;为了充分说明锂离子电池大规模系统集成中的关键要素,探讨了锂离子电池储能系统的拓扑结构及仿真模型;最后详细介绍了锂离子电池储能电站监控与能量管理技术,并通过应用案例阐述了锂离子电池储能系统集成与一致性管理。

　　本书遵循理论分析与工程应用相结合的编写原则，期望为大规模锂离子电池储能系统的设备集成、工程建设和运行管理提供有益借鉴和参考，并对推动锂离子电池储能系统的规模化应用发挥积极作用。

　　限于作者的水平和实践经验，书中疏漏谬误之处在所难免，恳请广大读者批评指正。

作　者

目　录

从大规模锂离子电池储能技术的特点来看，储能电池成组集成是实现储能装置大容量化的核心，能量转换与系统集成是实现储能系统大规模化的重要条件，而储能系统监控与能量管理是实现储能系统安全高效运行的必要保障。

电池成组集成技术对于以锂离子电池体系为核心的大容量、高功率储能系统至关重要，主要体现在以下几个方面：①一般情况下，储能系统需要的电池组能量和功率较大，必须通过电池成组集成技术把单体的电池特性有效放大，满足储能系统高能量、高功率输入/输出的要求。②储能系统的运行周期取决于电池组的使用寿命，电池组使用寿命越长，储能系统运行时间就越长。当前的主要问题是电池成组后使用寿命相对于电池单体的寿命大幅缩短。造成这种情况的原因在于电池组中各电池单体之间存在差异，以及连续充放电循环导致电池单体间的不一致性累积放大，致使电池组中个别电池单体容量加速衰减，从而使整个电池组过早失效。为了提高电池组使用寿命，这就需要在成组阶段提高电池单体的一致性，在集成之后做到动态及时均衡，通过以上方式才能有效解决成组锂离子动力电池的寿命问题，延长储能系统的运行周期。③锂离子电池在持续运行期间，有发生过充电、过放电、超温和过电流问题的风险，且锂离子电池性能受环境温度的影响较大，这就需要电池成组集成技术的支持，通过锂离子电池的电-热管理，动态优化相关运行参数，实现锂离子电池的安全运行。

储能变流器连接交流电网与储能电池，实现电能从电网到电池及电池到电网的双向流动，在电力储能系统中起着至关重要的作用。储能变流器不仅要求能量双向流动、低谐波、高功率因数及转换效率等性能，而且要能适应不同类型储能电池的充放电要求，模块化、大功率、智能化的储能变流器开发是锂离子电池储能系统规模化集成中的一个重要需求。

锂离子电池储能监控与能量管理系统实现储能系统内部众多信息量的监测，并且快速实施控制管理等功能，为电池储能电站的安全、有效、稳定运行提供有力保障。电池储能系统受测元器件多，需实现大量电池信息存储与处理，及时完成与外部调度系统的实时信息交互。因此，锂离子电池储能监控系统，应满足储能装置集群实时快速控制以及储能系统中各电池本体、储能单元的运行状态监测及保护要求，最大限度减小电池劣化，保障电池健康运行。

　　本书研究了电池成组集成中的电管理与热管理技术、锂离子电池储能系统的集成技术与协调控制以及能量管理技术与应用技术，对全面了解规模化锂离子电池储能系统的集成与一致性管理技术提供了有力的技术基础，相关技术已应用于国内典型的锂离子电池储能电站中。

第2章
锂离子电池系统的电管理

2

2.1 锂离子电池一致性分析

2.1.1 电池一致性的概念

当电池组模块中有电池单体的性能不一致时，连续的充放电循环将使电池单体的差异被放大，从而导致这些电池容量加速衰减，最终使电池组过早失效，进而影响整个电池储能系统的容量利用率和使用寿命。

通常意义上来说，将电池在参数和状态上的差异随时间的变化，定性地归为一致性这一范围。电池的一致性也可以依据电池是否处于能量交换状态再进行细分，若电池本身没有向外供应能量，则称此时的电池一致性为静态一致性；反之，动态一致性则是指处于正常使用状态的电池所表现出来的特性。通过对这些差异进行分析，可以从其变化的趋势得出电池运行状态的轨迹，找到表征电池一致性的特征表征量，通过控制特征表征量来对电池进行智能管理，提高电池寿命，并可通过特征量的变化推测出电池在运行过程中可能遇到的问题，以进行诊断来提早防范。

通过对电池一致性概念的剖析可知，若要深入探究电池不一致产生的机理，需要根据电池所处的不同状态分别进行描述，即从电池的两种不同的状态入手，才能真正理解差异性变大的原因以及判定条件。

2.1.2 电池静态一致性的影响因素分析

根据细分的电池一致性概念，电池的静态不一致主要会出现在电池的生产和存储环节。

通过在技术上实现不断创新，锂离子电池的生产过程仍相对复杂，对加工和制造的设备在精度和磨具相位误差方面仍有很高的要求。具体来说，在电池制片生产工艺过程，就必须要保证搅拌、材料的涂布以及辊压这些步骤在工艺参数上有相当一致的精确性，一旦发生各物质分散不均，将大大降低局部物质的活性，并导致在放电时电池的极化电阻激增，从而影响整体的一致性；而在电池的装配这一工艺过程中，则需要电池的极片与隔膜间的距离保持高度一致，表现在宏观层面就是能够代表动力电池内阻一致性的好坏。此外，在装配工艺过程中还有一道工序要求较为严格，就是电池的化成环节，具体要求确保在这一过程中各电池所生成的钝化膜（SEI 膜）在厚度和孔径的尺寸要保持一致。

通过选配的电池成组组合之后，可能会经历长时间的存储与搁置，这就要求电池在这一段时间仍能够保持较好的一致性。由于不涉及与外界的能量交换，通过研究发现，这一阶段主要影响电池一致性的因素为电池本身的自放电程度，以及周围的环境温度，下面分别就这两个因素进行说明。

在存储过程中，电池单体不会与外界进行能量交换，但长时间搁置后个体的容量仍不免会发生改变，这就是电池本身发生自放电的表现，尽管锂离子电池相较于其他类型蓄电池在自放电因素的控制上做得非常出色，但难免仍会有一定的自放电存在。根据不同电池个体的自放电速率不同而造成电池容量的衰减速率具有相当的差异性，这也是造成锂离子电池间容量的不一致性的主要影响因素。

这里用 R_{des} 代表锂离子电池一般情况下的自放电特性，采用电池单体的单位时间内的开路电压的变化值来表征，如式（2-1）所示。

$$R_{des} = \frac{U_1 - U_2}{t} = \frac{\Delta OCV}{t} \tag{2-1}$$

式中，U_1 和 U_2 分别为间隔时间前后测量的开路电压。

由于自放电属电池内部发生的微观电化学活动，因此相比于宏观的电池开路电压表征，可以采用在搁置状态下电池阳极和阴极的电位差来进行更直观的描述，具体的表达式如式（2-2）和式（2-3）所示。

$$E_+ = OCV_0 - \frac{RT}{F} \ln\left[(1 - SOC_0) \times e^{\frac{-E_a}{RT}} + SOC_0 \right] \tag{2-2}$$

$$E_- = OCV_0 - k_0 e^{\frac{-E_a}{RT}} \tag{2-3}$$

式中，T 为电池所处静置环境内的总体温度；F 为弗朗克常量；SOC_0 为电池初始的荷电状态；E_a 为电池内部的活化能；R 为气体常量；k_0 为变化系数。

利用前面的叙述，可以将电池的自放电特性表达式改写为如式（2-4）的形式。

$$R_{des} = \frac{k_0 e^{\frac{-E_a}{RT}} - \frac{RT}{F} \ln\left[(1 - SOC_0) \times e^{\frac{-E_a}{RT}} + SOC_0 \right]}{t} \tag{2-4}$$

从式（2-4）中可以看出，自放电特性的大小与时间、电池的荷电状态以及温度都存在一定的映射关系。

2.1.3　电池动态一致性的影响因素分析

在实际的电池使用过程中，电池更容易发生不一致现象，究其原因是电池在串并联过程中受不同的充放电倍率、温度和放电深度等影响，再加上电池本身自有特性不同，造成了电池之间的离散性加大，同时电池管理系统在对各电池单体的均衡不够完善而导致。

随着储能电站规模的扩大和应用场景的多样性，特别是在百兆瓦储能电站中，储能锂离子电池系统由成千上万节电池单体串并联组成，电池数量庞大且离散性大。电池的串并联方式都会使电池的一致性变差。并联的电池虽然两端电压相同，但由于自身制造工艺水平的差异，会在并联电路之间形成环流，造成流经电池内部的电流不一致，进而加快部分电池的衰减和老化。

在实际的充电过程中，电池组的整体可充电容量应该用组内容量最小的电池描述，由于在充电过程中，对于串联的电池组来说，流经各电池单体的电流大小是相同的，所以如果电池管理系统在容量最小的电池充满后，不对其进行处理，则会导致通常情况下的溢充电现象发生；同理，对整个电池组进行充电的电压值也应该进行相应调整，否则会使个别电池长期处于高压状态，可能会造成电池极板被击穿，造成损坏。相应的放电过程同样如此，需要电池管理系统对组内容量较小的电池进行干预，防止其与其他电池进行等容量或等时间的放电，长期如此会造成电池锁闭现象的出现，从而造成损害。通常来讲，可以采用最大可接受电流这一概念来对电池的充放电能力进行描述。

$$I = I_0 e^{-at} \tag{2-5}$$

式中，I 为当前状态下达到预警状态的电流值；I_0 为循环开始时刻，即 $t=0$ 时刻的最大预警值；a 为上述电流值的衰减常数，需要经过反复的循环实验来标定。进而得到电池在各个状态下的最大预警容量 Q_B 描述，如式（2-6）所示。

$$Q_B = \int I dt = \int I_0 e^{-at} dt = \frac{I_0}{a} \tag{2-6}$$

所以，电池组内各电池单体的一致性与电池充放电电流和电池的衰减系数有关，如果电池管理系统不能对需要进行均衡的电池进行及时处理，就会造成电池组无法发挥应有的性能，甚至造成损坏。

2.1.4　电池性能和状态参数分析

电池无论是在静置状态还是在工作状态，其主要的性能参数均表现为电池电压和电池内阻，状态参数主要是电池的容量和电池的 SOC（荷电状态），外界影响因素主要是充放电电流和环境温度。

如果电池没有与外界进行能量交换，一般可以通过电池的开路电压（OCV）来对电池进行描述。而电池的开路电压（OCV）与 SOC 的非线性关系可以通过反复的充放电试验得到实验数据，并通过数据拟合的方法得到其关系描述。SOC 的个体不同会间接导致 OCV 参数差异化增大。这是一个 OCV 和 SOC 之间连锁的效应。所以采用 OCV 对存在差异的电池组进行定性分析，尤其是在静态状态下，是可行的。

如果电池是处于正常工作的状态，这时就需要用电池的工作电压，对电池表现出的动态特性进行描述。而且在串联电池组这种成组方式下，流经各电池的电流是相同的，因此，工作电压的变化速率和变化趋势也能够看成是对电池内阻变化的反映。在工作电压参数上表现出的差异，同样可以看成是一种对组内各电池单体劣化程度的体现。因此，这种包含了电池动态特性、充放电特性以及老化程度的综合指标，可以对动力电池的动态一致性评价起到很好的指导作用。

锂离子电池的开路电压和工作电压是电池外在表现出的性能参数，而电池的内阻则是引发这种外在参数差异的直接因素。描述锂离子电池各基本组件接触面的接触电阻，通常用欧姆电阻表示；相对的，在正常使用过程中，电池内会发生频繁剧烈的电化学反应，由此会形成由于内部化学物质浓度不均匀产生的极化内阻。所以，电池在电压方面体现出的不一致和电阻方面表现出的不一致，都能够在一定程度上体现出电池在动态特性上的差异。内阻参数所表现出来的差异，直接体现了电池在能量上的损耗，同时，内阻会受使用环境温度的变化而变化，成正比关系增长，换句话说，也会反映到整个电池组的不一致性。

电池的内阻变化不均衡造成数值上的差异多半会成为其他参数差异的原因。同时，电阻本身，无论是欧姆内阻还是极化内阻，都与温度成正比趋势变化。就电池的一个单一使用过程而言，在充电和放电两个过程中，都会发生由于组内电池的电阻不同，瞬间的压降也不同，导致电阻较大的电池单体，在电压跳变中，跳变的数值和时间都与其他电池不同，当流经电池组的电流稳定后，电池组整体的输入功率和输出功率，与整体差异性较小的电池组相比，其功率特性要更好。

电池的状态信息通常包括了对当前工作状态、工作点设置以及相应循环寿命的描述。而在常用的工作状态中，通常把电池的 SOC 作为主要状态参数，也作为动态特性的体现，是对电池工作电压和内阻变化的综合体现，以 SOC 作为技术指标可以省去对众多性能参数进行逐一排查的工作。也就是说，SOC 的差异是多个参数耦合作用下产生的，多数情况下，电池不一致性的加剧可以从 SOC

的差异增大体现出来。

2.1.5　电池一致性的特征表征量分析

电池单体间的不一致性主要体现在电压不一致、SOC 不一致（即电量不一致）、容量不一致、内阻不一致、温度不一致，事实上这些参数的不一致仅体现在当前状态的不一致。考虑到随时间的不一致性演化，电池单体间的不一致性、容量衰减不一致性和内阻老化不一致性等，这些作用于过程的参数不一致性通过时间累积将直接体现在状态的不一致性上，比如内阻增长率的不一致性直接作用于内阻不一致性，而容量衰减的不一致性则直接作用于容量不一致性。

图 2-1 给出了电池单体的参数不一致性相互间的影响关系。我们把这些参数分为三类，分别为初始状态量、当前状态量和时间累积量，它们之间相互影响的关系如图 2-1 所示。通常，我们选用当前状态量的不一致性来表达电池组的不一致性，而在当前状态量（容量、电压、SOC、内阻和温度）中直接影响电池组实际能量输出的是 SOC 和容量，直接影响功率输出的是内阻，而电池电压和温度是相对比较容易测量的物理量，因此这些当前状态量在实际的一致性分析中均有应用。但实际上，影响电池一致性的是初始状态量和时间累积量。初始状态量是电池成组时的电池状态，初始状态量的一致性对电池组短期的一致性有较大影响，且由于其测量和控制的难度相对不高，因此成为当前电池成组前筛选的主要考虑因素。而时间累积量则会对电池组长期的一致性产生影响，而且其影响程度比初始状态量更大，因此对时间累积量进行一致性的筛选工作比初始状态量更为重要。但由于时间累积量作为电池的参数比较隐蔽，而其筛选的难度也较大，因此在实际中对这些参数进行筛选的可能性较小。

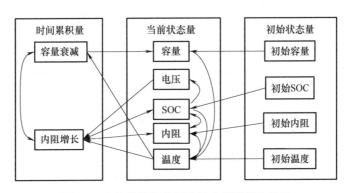

图 2-1　电池单体各特征参量之间的影响关系

电池组的一致性变差体现在实际应用中主要有 3 个方面：

1）成组的能量密度下降。由于初始容量不一致和初始 SOC 不一致，电池组的实际可用电量比任一电池单体都要低，这就直接造成了成组的能量密度下降。

2）成组的功率密度下降。由于初始内阻的不一致，所以串联电池组中可通过的最大电流被限制于功率密度最小的电池单体上，从而成组的功率密度下降。

3）寿命缩短。相比电池单体，电池组的实际可用电量除了受到容量衰减限制，还受到电池内阻变化的影响，因此其寿命相对于任一电池单体都要短。可以看出内阻和电池的容量衰减具有直接的相互关联，电池内阻的变化将对电池组的容量使用率造成很大的影响。

从上述分析和电池组一致性的大量实践中，可以总结电池组一致性的几个基本特点：

1）耦合性：电池单体间的参数不一致性相互耦合，形成一个复杂的关联网络，特别是温度的不一致性更是几乎影响到电池其他各种参数。部分参数耦合将形成正反馈，增大电池组的不一致性，如温度和内阻的耦合导致温度和内阻更大的不一致性。由于参数不一致的耦合性，电池组不一致性表现得较复杂，其内在的不一致性机理难以揭示。

2）统计性：电池组的一致性表现是组内电池单体统计特征的体现。电池组通常由成百上千块电池单体串并联而成，所有电池单体的参数符合一定的统计行为。一般认为电池单体各种参数符合正态分布，事实上却不一定是符合正态分布的，特别是对于部分参数电池内阻的增长而言，由于制造的差异，电池组内的电池单体内阻的增长不会呈现正态分布。

3）权重性：电池组中性能差的电池单体会对电池组的不一致性造成非常恶劣的影响，而处于平均性能的电池单体对电池组不一致性不会造成影响。所以利用统计学来描述这些参数从而对电池组的不一致性进行分析时，还要考虑到电池组一致性的权重问题。在统计学中各种样本的权重一般都是一样的，如标准差和方差等，而极差则是极端的权重情况。

4）不可逆性：在没有外界作用下（如均衡或更换部分电池单体），电池组的一致性总是趋向于变差的。电池组在成组初期受到初始状态的不一致性影响存在一定的不一致性，但一般受到电池筛选的控制，因而初始的不一致性不会很大。电池组的不一致主要是由电池组时间累积量的不一致导致的，因时间累积导致的电池组不一致是不可逆的，不一致总是趋向增加的。

5）渐变性：电池的一致性变化是渐变的，即使一致性很差，也不会产生非常快速的一致性下降。这是因为时间累积量的作用在短期内是非常小的，因此用于衡量电池组一致性变化的尺度通常不是以小时，甚至不是以天计算的，而是以月计算的。如果电池组的一致性判断结果发现突变，则意味着电池故障，或者一致性判断出错。

2.1.6　电池组容量与一致性表征量之间的关系

根据电池组一致性的统计性和权重性，通常采用标准差和极差来描述电池组的不一致性，比如常用的有 SOC 的标准差、剩余电量的标准差等。这些描述方法有一定的科学性，且工程上相对比较容易得到，因而应用比较广泛。但小的标准差仅意味着其比大的标准差的不一致性小，并不能直观反映电池组因不一致性导致能量密度下降和寿命缩短等情况。因此，通常采用能够直观描述电池组不一致性导致电池寿命缩短的物理量，即电池组的可用电量或容量利用率来研究电池组的不一致性问题。

从应用的角度看，电池组容量小于其额定容量主要分为三个方面：

1）由于电池组成组后的不一致性，在没有均衡的情况下，任意一个单体的容量都不能得到充分的利用，由此导致电池组的不一致性容量损失，这部分容量损失可以通过在电池管理系统中常规的均衡方法来进行补偿，这种均衡的最大潜力是电池组容量达到电池组中最小单体的容量。

2）电池单体容量的不一致导致的容量损失。电池单体容量的不一致由其成组初期的容量不一致和容量衰减不一致造成，这一部分容量损失可以由结构更为复杂的实时非能耗式均衡进行补偿，这种均衡的最大潜力是电池组容量达到电池组中所有电池单体的平均容量。

3）由于电池耐久性的原因，电池单体容量期望的减小导致电池组容量损失，这一部分容量损失无法通过均衡手段补偿达到初始电池单体容量的期望，而是完全取决于电池单体的耐久性规律，也就是完全取决于电池在生产过程中的控制方式造成的电池性能差异，比如电池的内阻、容量、自放电率等。虽然这些都是表征电池动态一致性的特征参量，但其中必然有反映电池变化的分因子和总因子。根据图 2-1 可知，电池的内阻变化是电池动态一致性的主要影响因素，在电池实际应用中，如果能在线实时掌握电池的内阻变化，并据此进行电池的成组，将有效降低电池单体之间的不一致性，对提高电池的容量利用率具有很重要的意义。

一致性的演化机理及影响因素的分析可以对电池组容量小于电池单体容量做出合理的解答，同时可以用于指导电池组电池单体的筛选和成组后的管理，而电池组通过均衡减小不一致性的方案选择同样是建立在对电池组一致性演化机理的深入理解上。一致性辨识的基础是建立在电池单体状态的识别上，因此本书主要从表征电池单体一致性状态的识别参数，即主要是电池的内部阻抗来进行电池容量利用的研究。

2.1.7　小结

本章从电池一致性的概念出发，首先分析了电池静态一致性和动态一致性的影响因素，得出了影响电池性能的状态参数，并对这些状态参数进行了进一步分析，得出了电池一致性的特征表征量，进而分析总结了这些特征量具有耦合性、统计性、权重性、不可逆性和渐变性等特征，在此基础上对电池组一致性影响因素进行进一步提取，通过电池单体参数的影响关系提出了电池内部阻抗是影响电池组一致性和电池容量衰减的主要因素，因而需要在电池成组时尤其注意，为后续的利用电池内部阻抗来研究电池的容量衰减和利用率指明了方向。

2.2　锂离子电池容量利用率分析

2.2.1　电池的阻抗模型

2.2.1.1　阻抗谱中的基本元件

　　电池的内部阻抗一般都是通过研究电池的阻抗谱来获得，这也是电化学测试技术中一类十分重要的方法，是研究电池电极过程动力学和表面现象的重要手段。特别是近年来，由于频率响应分析仪的快速发展，交流阻抗的测试精度越来越高，超低频信号阻抗谱也具有良好的重现性，再加上计算机技术的进步，对阻抗谱解析的自动化程度越来越高，这就使我们能更好地理解电极表面双电层结构，活化钝化膜转换，孔蚀的诱发、发展、终止以及活性物质的吸脱附过程。

　　电池阻抗谱的解析一般是通过等效电路来进行的，其中基本的元件包括：纯电阻 R，纯电容 C，阻抗值为 $1/j\omega C$，纯电感 L，其阻抗值为 $j\omega L$。实际测量中，将某一频率为 ω 的微扰正弦波信号施加到电解池，这时可把双电层看成一个电容，把电极本身、溶液及电极反应所引起的阻力均视为电阻，则等效电路如图 2-2 所示。

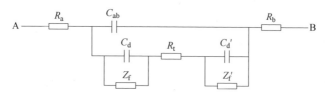

图 2-2　用大面积惰性电极作为辅助电极时电解池的等效电路

　　图中 A、B 分别表示电解池的研究电极和辅助电极两端，R_a、R_b 分别表示电极材料本身的电阻，C_{ab} 表示研究电极与辅助电极之间的电容，C_d 与 C_d' 表示研究电极和辅助电极的双电层电容，Z_f 与 Z_f' 表示研究电极与辅助电极的交流阻抗，通常称为电解阻抗或法拉第阻抗，其数值取决于电极动力学参数及测量信号的频率，R_t 表示辅助电极与工作电极之间的溶液电阻。一般将双电层电容 C_d 与法拉第阻抗的并联称为界面阻抗 Z。

实际测量中，电极本身的内阻很小，且辅助电极与工作电极之间的距离较大，故电容 C_{ab} 一般远远小于双电层电容 C_d。如果辅助电极上不发生电化学反应，即 Z_f' 特别大，又使辅助电极的面积远大于研究电极的面积（例如用大的铂黑电极），则 C_d' 很大，其容抗 X_{cd}' 比串联电路中的其他元件小得多，因此辅助电极的界面阻抗可忽略，于是图 2-2 可简化成图 2-3，这也是比较常见的等效电路。

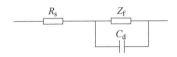

图 2-3　用大面积惰性电极作为辅助电极时电解池的简化电路

2.2.1.2　阻抗谱中的特殊元件

以上所讲的等效电路仅仅为基本电路，实际上，由于电极表面弥散效应的存在，所测得的双电层电容不是一个常数，而是随交流信号的频率和幅值变化而发生改变的，一般来讲，弥散效应主要与电极表面电流分布有关，在腐蚀电位附近，电极表面上阴、阳极电流并存，当介质中存在缓蚀剂时，电极表面就会被缓蚀剂层所覆盖，此时，铁离子只能在局部区域穿透缓蚀剂层形成阳极电流，这样就导致电流分布极度不均匀，弥散效应系数较低。表现为容抗弧变"瘪"，如图 2-4 所示。另外电极表面的粗糙度也会影响弥散效应系数变化，一般电极表面越粗糙，弥散效应系数越低。

（1）常相位角元件（Constant Phase Angle Element，CPE）

在表征弥散效应时，近来提出了一种新的电化学元件 CPE，CPE 的等效电路解析式为

$$Z = \frac{1}{T \times (j\omega)^p} \tag{2-7}$$

CPE 的阻抗由两个参数来定义，即 CPE-T，CPE-P，我们知道，

$j^p = \cos\left(\dfrac{p\pi}{2}\right) + j\sin\left(\dfrac{p\pi}{2}\right)$，因此 CPE 元件的阻抗 Z 可以表示为

$$Z = \frac{1}{T \cdot \omega^p}\left[\cos\left(\frac{-p\pi}{2}\right) + j\sin\left(\frac{-p\pi}{2}\right)\right] \tag{2-8}$$

这一等效元件的幅角为 $\varphi = -p\pi/2$，由于它的阻抗的数值是角频率 ω 的函数，而它的幅角与频率无关，故文献上把这种元件称为常相位角元件。

实际上，当 $p = 1$ 时，如果令 $T = C$，则有 $Z = 1/(j\omega C)$，此时 CPE 相当于一

个纯电容，波特图上为一正半圆，相应电流的相位超过电位正好 90°，当 $p=-1$ 时，如果令 $T=1/L$，则有 $Z=j\omega L$，此时 CPE 相当于一个纯电感，波特图上为一反置的正半圆，相应电流的相位落后电位正好 90°；当 $p=0$ 时，如果令 $T=1/R$，则 $Z=R$，此时 CPE 完全是一个电阻。

一般当电极表面存在弥散效应时，CPE-P 值总是在 0.5~1 之间，阻抗波特图表现为向下旋转一定角度的半圆图。

可以证明，弥散角 $\varphi=\dfrac{\pi}{2}(1-\text{CPE-P})$；特别有意义的是，当 CPE-P = 0.5 时，CPE 可以用来取代有限扩散层的 Warburg 元件，Warburg 元件用来描述电荷通过扩散穿过某一阻挡层时的电极行为。在极低频率下，带电荷的离子可以扩散到很深的位置，甚至穿透扩散层，产生一个有限厚度的 Warburg 元件，如果扩散层足够厚或者足够致密，将导致即使在极限低的频率下，离子也无法穿透，从而形成无限厚度的 Warburg 元件，而 CPE 正好可以模拟无限厚度的 Warburg 元件的高频部分。当 CPE-P = 0.5 时，$Z=\dfrac{1}{2T\sqrt{\omega}}(\sqrt{2}-j\sqrt{2})$，其阻抗图为图 2-4 所示，一般在 pH>13 的碱溶液中，由于生成致密的钝化膜，阻碍了离子的扩散，因此可以观察到图 2-5 所示的波特图。

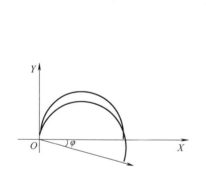

图 2-4 具有弥散效应的阻抗图

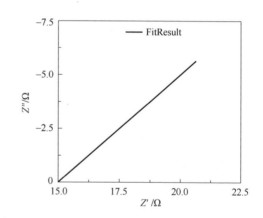

图 2-5 当 CPE-P 为 0.5 时的波特图

（2）有限扩散层的 Warburg 元件—闭环模型

本元件主要用来解析一维扩散控制的电化学体系，其阻抗为 $Z=R\times\tanh[(jT\omega)^p]/(jT\omega)^p$，一般在解析过程中，设置 $P=0.5$，计算表明，当 $\omega\to0$ 时，$Z=R$，当 $\omega\to+\infty$，在 $Z=\dfrac{R}{2\sqrt{T\omega}}(\sqrt{2}-j\sqrt{2})$，与 CPE-P = 0.5 时的阻抗表达式相同，阻抗图如图 2-6 所示。

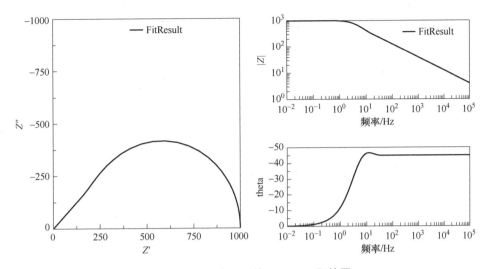

图 2-6 闭环的半无限的 Warburg 阻抗图

（3）有限扩散层的 Warburg 元件—发散模型

本元件也是用来描述一维扩散控制的电化学体系，其阻抗为 $Z = R \times \arctan[(jT\omega)^p]/(jT\omega)^p$，其中 arctan 为反正切函数。与闭环模型不同的是，其阻抗图的实部在低频时并不与实轴相交，而是向虚部方向发散。即在低频时，更像一个电容。典型的阻抗图如图 2-7 所示。

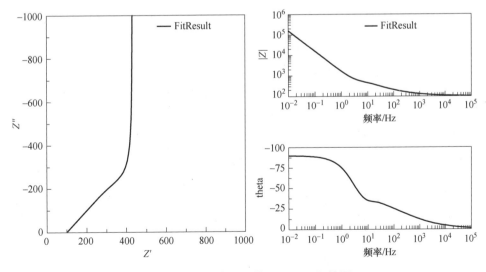

图 2-7 发散的半无限的 Warburg 阻抗图

2.2.1.3 电池动态阻抗

对阻抗的解析是一个十分复杂的过程，这不单是一个曲线拟合的问题，事实上，你可以选择多个等效电路来拟合同一个阻抗图，而且曲线吻合得相当好，但这就带来了另外一个问题，哪一个电路符合实际情况呢？这其实也是最关键的问题。需要有相当丰富的电化学知识，需要对所研究体系有比较深刻的认识。而且在复杂的情况下，单纯依赖交流阻抗是难以解决问题的，需要辅助以极化曲线以及其他暂态试验方法。

由于阻抗测量基本是一个暂态测量，所以对工作电极、辅助电极以及参比电极的鲁金毛细管的位置要求极严格。例如鲁金毛细管距离参比电极的位置不同，在阻抗图的高频部分就会表现出很大的差异，距离远时，高频部分仅出现半个容抗弧，距离近时，高频弧变成一个封闭的弧；当毛细管紧挨着工作电极表面时，可能会出现感抗弧，这其中原因还不清楚。

首先，提出动态阻抗这一个概念是基于锂离子电池在充放电过程中产生电极极化的现象，从而区别于电池在静置状态下电极保持平衡电位的静态阻抗。通常，我们采用电化学阻抗谱测量电池阻抗是基于电池处于静置状态下进行的，但是往往对于电池的一致性判断分析并不是很准确，在线运行的电动汽车或者大规模储能系统在实际运行中要求对电池组的一致性进行准确的判断分析，但是没有条件将电池处于静置状态下进行电化学阻抗谱的测试，因此，从实验室的层面上开展电池动态一致性的研究非常有必要。

其次，忽略掉电池出厂时一致性的差异，也就是说，认同电池出厂一致性在可接受的范围内，着重研究电池在运行过程中动态一致性的变化。电池动态一致性的具体体现可以理解为对于一组同批量生产的同类型电池，在充放电过程中，当分别给这组电池施加同一个扰动信号，在输出侧可得到一组一致性很高的响应信号，其中包括响应信号的幅值和频率，这样我们认为这组电池具有很好的动态一致性。因此，同样可以认为这组电池在充放电过程中具有动态一致性较好的动态阻抗。

最后，通过上面的介绍，可以认为动态阻抗是电池在充放电过程中，体现电极极化现象，反映电极动力学特征的阻抗。

2.2.1.4 动态阻抗模型

动态阻抗是基于充放电过程中，电极极化引出的新的物理概念，其物理意义与电极反应过程密切相关。其中在曹楚南所著的《电化学阻抗谱导论》中介绍了电极系统在反应过程中的阻抗，提到了电极电位发生变化后，流经电极系统的电流密度也会随着发生变化，其中电流密度的变化来自两个部分：

1）法拉第电流：根据电极反应动力学规律，该部分电流服从法拉第定律，电极反应的速度与电极电位有关；

2）非法拉第电流：不是因电极反应引起的，而是因电极电位改变后，电双层两侧电荷密度发生变化而引起的"充电"电流。

对于法拉第电流流过的阻抗称为法拉第阻抗或法拉第导纳，对于电极系统有一个简单的阻抗示意图，如图 2-8 所示。

图 2-8 中 R_s（Solution Resistance）表示参比电极到研究电极之间的溶液电阻，C_{dl}（Double Layer Capacitance）表示电极与电解质溶液两相之间的电双层电容，Z_F（Faraday Impedance）就是反映电极过程的法拉第阻抗。这样可以得到电极系统阻抗的表达式为

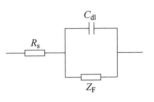

图 2-8　电极系统阻抗模型示意图

$$Z = R_s + \frac{1}{\mathrm{j}\omega C_{dl} + Y_F} \tag{2-9}$$

式中，Y_F（Faraday Admittance）为法拉第导纳。当一个电极进行反应时，若其他条件不变，法拉第电流密度 I_F 是一个多元函数，其中的自变量包括电极电位 E、电极表面的状态变量 X_i 以及影响电极反应速度的反应粒子在电极表面处的活度 C_j：

$$I_F = f(E, X_i, C_j), \quad i = 1, \cdots, n; \quad j = 1, \cdots, m \tag{2-10}$$

根据阻纳因果性基本条件的要求，状态变量 X_i 是随电极电位 E 变化的变量，C_j 作为 I_F 的自变量，对于可逆的电极反应来说，反应粒子的表面活度与电极电位之间的关系由能斯特（Nernst）方程来描述。当电极反应中的粒子满足：$(\mathrm{d}E/\mathrm{d}t)_{ss} = 0$，$(\mathrm{d}X_i/\mathrm{d}t)_{ss} = 0$，$(\mathrm{d}C_j/\mathrm{d}t)_{ss} = 0$，变量 E、X_i、C_j 不随时间改变，且具有确定的数值，即粒子处于定态（用下标"ss"表示），相应的法拉第电流 I_F 也为定态值。

根据电化学阻抗谱测试原理，当给电极系统施加一个电位扰动，使得 E 变为 $E + \Delta E$，则在满足因果性条件时，变量 X_i、C_j 也会产生一个相应的改变量 ΔX_i 和 ΔC_j，使得它们的函数 I_F 也会产生改变量 ΔI_F。根据式（2-10），将多元函数 I_F 做泰勒级数展开，将 ΔI_F 表示为 ΔE、ΔX_i 和 ΔC_j 的函数。由于电位扰动 ΔE 很小，它所引起的其他状态变量的改变量 ΔX_i 和 ΔC_j 也很小，因此在式（2-10）的泰勒展开式中除一次项外的高次项均可以忽略，所以 ΔI_F 的近似表达式为

$$\Delta I_F \approx \left(\frac{\partial I_F}{\partial E}\right)_{ss} \Delta E + \sum_{i=1}^{n} \left(\frac{\partial I_F}{\partial X_i}\right)_{ss} \Delta X_i + \sum_{j=1}^{m} \left(\frac{\partial I_F}{\partial C_j}\right)_{ss} \Delta C_j \tag{2-11}$$

因此电极过程的法拉第导纳定义式为

$$Y_F = \frac{\Delta I_F}{\Delta E} \tag{2-12}$$

将式（2-11）代入式（2-12）得

$$Y_F = \left(\frac{\partial I_F}{\partial E}\right)_{ss} + \sum_{i=1}^{n}\left(\frac{\partial I_F}{\partial X_i}\right)_{ss}\frac{\Delta X_i}{\Delta E} + \sum_{j=1}^{m}\left(\frac{\partial I_F}{\partial C_j}\right)_{ss}\frac{\Delta C_j}{\Delta E} \tag{2-13}$$

式（2-13）等号右边首项（$\partial I_F / \partial E$）$_{ss}$是法拉第导纳中法拉第电流关于电极电位的一阶偏导数，在电化学理论中体现了法拉第电流受电极电位变化的影响，该一阶偏导数有如下新的定义：

$$\frac{1}{R_t} = \left(\frac{\partial I_F}{\partial E}\right)_{ss} \tag{2-14}$$

式（2-14）中，R_t 在电化学理论中定义为电荷转移电阻（Charge Transfer Resistance），其反映的是在电位为 E 时，电极过程中带电粒子在电极和电解质溶液两相界面进行转移过程的难易程度，R_t 数值越大，表明电荷的转移过程进行得越困难，同时，在后面还会介绍到 R_t 是研究电池动态一致性的重要特征参数，本书重点讨论的就是在动态过程中，R_t 这一特征参数随 SOC 的变化规律，这里需要利用电极反应动力学的理论来解释。

如果忽略掉式（2-13）等号右边第三项，即由扩散过程引起的阻抗可以忽略的情况下，我们将法拉第阻纳称为电极反应的表面过程法拉第阻纳，用 Y_F^0 来表示。其中的状态变量 X_i（$i=1$，$\cdots$，n）为影响电极表面反应速度的表面状态变量，当一个处于定态的电化学系统受到扰动后，其所对应的表面状态变量会出现偏离，若不违反稳定性条件，系统的各状态变量会恢复到原来的定态值，恢复的过程称为弛豫过程。在电化学阻抗谱测量中，由于进行的是暂态测量，在频谱中存在电极电位 E 所对应的弛豫过程，该弛豫过程是电双层电容 C_{dl} 因受到小振幅扰动而充电后，通过回路中的电荷转移电阻 R_t 放电来恢复到原来的定态过程，除此过程之外，还存在 n 个状态变量 X_i（$i=1$，$\cdots$，n）所对应的弛豫过程，在阻抗谱的测试中可以根据阻抗谱中半圆的个数来判断状态变量的个数。

在前面对 Y_F 的讨论中，我们都忽略掉式（2-13）等号右侧第三项有关电极表面附近反应物或反应产物浓度变化的影响，而事实上在不可逆电极过程中，由于电流密度比交换电流密度大得多，所以以电极表面反应物的浓度与溶液本体中的浓度会有明显的差别，因此在电化学体系中就存在反应物从溶液本体向电极表面扩散的过程，该扩散过程所对应的阻抗也是法拉第阻抗的一部分。下面详细介绍扩散过程的物理模型。

对于反应物来说，电极表面附近反应物的浓度要小于溶液本体中反应物的浓度，因此在电极附近的溶液层中存在一个浓度梯度方向从电极表面指向溶液本体的反应物扩散场。由于反应物是从溶液本体向电极表面扩散的，与浓度梯度具有相反的方向，根据菲克第一定律可以表示出扩散速度与浓度梯度的关系为

$$v_d(x) = -D\left(\frac{\partial C}{\partial x}\right)_x \tag{2-15}$$

式中，$v_d(x)$ 为在离电极表面 x 处的扩散速度；D 为扩散系数；$(\partial C/\partial x)_x$ 为离电极表面 x 处扩散物质的浓度梯度。由于反应物从溶液本体向电极表面扩散的速度 v_d 与反应物参与电极反应的速度 v_r 相等，因此反应速度与法拉第电流密度的关系式为

$$I_F = nFv_r \tag{2-16}$$

式中，v_r 为电极反应的速度；n 为参与电极反应电子的化学计量系数；F 为法拉第常数，若规定阳极电流为正值，阴极电流为负值，则在不可逆电极过程中，将式（2-15）代入式（2-16）中可得到阴极的法拉第电流为

$$I_F = -nFD\left(\frac{\partial C}{\partial x}\right)_{x=0} \tag{2-17}$$

$x=0$ 代表的是电极表面处反应物的扩散速度，这里可用 C_s 来替代。同时可以得到阳极的法拉第电流为

$$I_F = nFD\left(\frac{\partial C_s}{\partial x}\right) \tag{2-18}$$

同时根据菲克第二定律有

$$\frac{\partial \Delta C}{\partial t} = D\left(\frac{\partial^2 \Delta C}{\partial x^2}\right) \tag{2-19}$$

当电极系统受到正弦波电位 $E = \exp(j\omega t)$ 扰动时，表面活度 C 也同样是频率为 ω 的正弦波，可以用下式表示为

$$\Delta C = |\Delta C| \cdot \exp[j(\omega t + \varphi)] \tag{2-20}$$

对 C 求关于时间 t 的一阶偏导数为

$$\frac{\partial \Delta C}{\partial t} = j\omega \Delta C \tag{2-21}$$

由式（2-20）和式（2-21）整理得

$$\frac{\partial^2 \Delta C}{\partial x^2} = \frac{j\omega \Delta C}{D} \tag{2-22}$$

可求得式（2-22）的通解为

$$\Delta C = k_1 e^{\sqrt{\frac{j\omega}{D}}x} + k_2 e^{-\sqrt{\frac{j\omega}{D}}x} \tag{2-23}$$

由于这里所研究的电极是平面电极，对于恒温下静置溶液中扩散的分子或离子来说，可以认为是厚度无限的"滞流层"所对应的半无限扩散过程，其中一个边界条件是 $x = \infty$，

$\Delta C = 0$，因此式（2-23）中 $k_1 = 0$：

$$\Delta C = k_2 e^{\sqrt{\frac{j\omega}{D}}x} \tag{2-24}$$

$$\Delta C_s = k_2 \tag{2-25}$$

另外一个边界条件因阳极电流和阴极电流的不同而不同。当该电流是阳极电流时，取式（2-17），I_F 为正值，在 $x=0$ 处，$\Delta C = \Delta C_s$，对式（2-24）两边求关于 x 的一阶偏导数且令 $x=0$ 有

$$\left.\frac{\partial \Delta C}{\partial x}\right|_{x=0} = -k_2\sqrt{\frac{j\omega}{D}} \tag{2-26}$$

也可以写成

$$\frac{\partial \Delta C_s}{\partial x} = -\Delta C_s\sqrt{\frac{j\omega}{D}} \tag{2-27}$$

再将式（2-26）代入式（2-16）得

$$\frac{\Delta C_s}{\Delta I_F} = -\frac{1}{nF\sqrt{j\omega D}} \tag{2-28}$$

又回到最初讨论的式（2-13）中等号右侧的第三项，由于上述讨论的是 $x=0$ 处的 C_s，因此可以将式（2-13）化简为

$$Y_F = Y_F^0 + \left(\frac{\partial I_F}{\partial C_s}\right)_{ss}\left(\frac{\Delta C_s}{\Delta I_F}\right)\left(\frac{\Delta I_F}{\Delta E}\right) = Y_F^0 + \left(\frac{\partial I_F}{\partial C_s}\right)_{ss}\left(\frac{\Delta C_s}{\Delta I_F}\right)Y_F \tag{2-29}$$

$$Y_F = \frac{Y_F^0}{1 - \left(\frac{\partial I_F}{\partial C_s}\right)_{ss}\left(\frac{\Delta C_s}{\Delta I_F}\right)} \tag{2-30}$$

将法拉第导纳转换为阻抗的形式：

$$Z_F = Z_F^0 + Z_d \tag{2-31}$$

$$Z_d = -Z_F^0\left(\frac{\partial I_F}{\partial C_s}\right)_{ss}\left(\frac{\Delta C_s}{\Delta I_F}\right) \tag{2-32}$$

若 γ 是反应物在电极反应中的反应级数，则存在函数关系：

$$v_r = k(E, X_i) \cdot C_s^\gamma \tag{2-33}$$

可以证明，无论 I_F 是正值还是负值，均有

$$\frac{\partial I_F}{\partial C_s} = \gamma\frac{I_F}{C_s} \tag{2-34}$$

由此可得，将式（2-27）和式（2-33）代入式（2-31）得

$$Z_d = \frac{Z_F^0\gamma I_F}{nFC_s\sqrt{j\omega D}} = \frac{Z_F^0\gamma |I_F|}{nFC_s\sqrt{j\omega D}} \tag{2-35}$$

对于阴极电流同样也有

$$Z_d = -\frac{Z_F^0 \gamma I_F}{nFC_s\sqrt{j\omega D}} = \frac{Z_F^0 \gamma |I_F|}{nFC_s\sqrt{j\omega D}} \tag{2-36}$$

由于 $j = \exp(j\pi/2)$，利用欧拉公式将式（2-36）转化为

$$Z_d = Z_0 (2\omega)^{-\frac{1}{2}}(1-j) \tag{2-37}$$

或者

$$Z_d = \frac{1}{Y_0} (2\omega)^{-\frac{1}{2}}(1-j) \tag{2-38}$$

其中

$$Y_0 = \frac{nFC_s\sqrt{D}}{Z_F^0 \gamma |I_F|} \tag{2-39}$$

若只有电极电位 E 和反应物浓度 C_s 影响电极过程，则式（2-39）可改写为

$$Y_0 = \frac{nFC_s\sqrt{D}}{\gamma R_t |I_F|} \tag{2-40}$$

从式（2-35）和式（2-36）中看出，扩散过程所对应的阻抗在复平面图中位于第一象限，实部和虚部的数值相同，呈现一条45°倾斜的直线，我们通常称为Warburg 阻抗，用 Z_w 表示。Y_0 作为表征 Z_w 数值大小的特征参数，能反映出 Z_w 随 SOC 变化的情况，是研究电池动态一致性的另一个重要特征参数。

综上所示，在电池动态阻抗的模型中，初步介绍了模型的基本结构，并从模型中的等效元件中确立了与动态一致性及动态阻抗有关的特征参数，例如电荷转移电阻 R_t、扩散阻抗 Z_w 及其系数 Y_0。

2.2.1.5　电池阻抗谱的测量

（1）样品电池和实验平台的搭建

样品电池选择单体标称容量为 20Ah 的磷酸铁锂电池单体。实验样品电池信息如表 2-1 所示，实物如图 2-9 所示。

表 2-1　20Ah 电池基本信息

电池体系	磷酸铁锂
额定容量	20Ah
额定能量	64Wh
额定电压	3.2V
充电截止电压	2.5V
放电截止电压	3.65V
上限保护电压	3.75V
下限保护电压	2.4V

图 2-9　磷酸铁锂电池单体

锂电池阻抗谱的测量实验平台主要由日本横河电机（YOKOGAWA）生产的阻抗分析仪、日本菊水（KIKUSUI）双极性电源 PBZ20-20 以及迪卡龙（DIGA-TRON）生产的充放电测试设备组成，如图 2-10 所示。阻抗分析仪是整个测试系统的核心，由它控制双极性电源输出小扰动信号，进行电化学阻抗谱的测试。本书搭建的测试系统中，阻抗分析仪既可以完成电池处于静置状态下的阻抗谱测试，同时也可以完成电池处于充放电状态下的阻抗谱测试。本书所讲例子是利用迪卡龙充放电设备对磷酸铁锂储能电池充放电的同时进行动态阻抗谱测试，从而分别测量到充电过程中和放电过程中电池在不同 SOC 下的阻抗谱。整个测试系统的电路接线图如图 2-11 所示。

图 2-10　锂电池动态内阻测试平台

从电路接线图中可以看到，一共有四对接线或传感器探头接在电池的正负极两端。以电池模块正极接线端从左至右来看，第 1 对接线将电池与 DIGATRON 充放电设备连接构成了电池充放电回路，DIGATRON 充放电设备可输出的最大电流达到 100A；第 2 对接线是从双极性电源的输出信号引出的，这两根接线与电池构成的回路是提供小扰动信号的测试回路，输出信号端为扰动信号输出端，相当于扰动信号电源的正极输出端，COM 端相当于电源的负极同时与接线端子

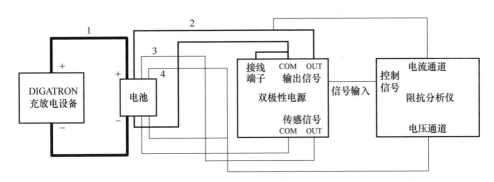

图 2-11　测试系统电路接线图

相连并接地；第 3 对接线是从双极性电源的传感信号引出的，接在电池的正负极两端，可以对电池的端电压进行实时的监测，同时可以对双极性电源起到保护作用；第 4 对接线是从阻抗分析仪电压通道引出的两个电压测量探头，可以测量到扰动信号经电池产生的响应电压信号，除此之外，阻抗分析仪的电流通道还引出一个电流传感器，钳制于双极性电源 OUT 端的出线，可以测量到扰动信号，这样根据电流传感器测量得到的扰动信号以及电压探头测量得到的响应信号就可以计算出不同频率下电池的阻抗，从而绘制出电化学阻抗谱。

事实上，阻抗分析仪作为整个实验的"大脑"有自己对应的一套测试软件，实验人员可以在计算机中完成各个步骤的设置，包括测试模式、扰动信号的类型和幅值以及频率点范围及数量。测试软件的参数设置界面如图 2-12 所示。

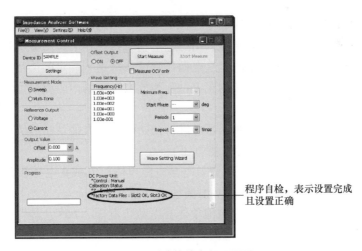

图 2-12　测试软件参数设置界面

测试模式有两种形式，一种是 Sweep 模式，将设定好的扰动信号按高频到低频逐一对电化学体系进行扰动，依次在阻抗复平面图中打点，是一种比较适合电池在静置状态下进行的测量模式，特点是测试频率范围较宽，测试时长会比较长；另一种模式是 Multi-Tone，与 Sweep 模式不同的是，它是将不同频率扰动信号同时作用到电化学体系输入端，在输出侧可以获得不同频率点所对应的响应信号，其测试时长由最低频率来决定，由于这种模式对测试频率点的数量有一定限制，并且能在较短的同一时间内获得各个频率区段交流阻抗的特征，所以该模式比较适合用来进行动态阻抗测试，即电池在充放电过程中进行交流阻抗谱测试。

扰动信号的设置主要有电压和电流两种形式，由于电池在充放电过程中是恒电流进行的，所以这里的扰动信号最好选用电流形式的扰动信号。扰动信号的频率范围根据具体的实验方案和测试对象来确定。

（2）实验原理及实验方案

一个物理系统的扰动与响应之间的关系通常为 $R = H(s) \cdot P$，传递函数 $H(s)$ 是拉普拉斯频率 s 的函数，$H(j\omega)$ 是 $s = j\omega$ 时的频响函数，通过阻抗分析仪的电压探头和电流传感器可以测量得到每个频率扰动信号的电流 $I(\omega)$ 及其电压响应信号 $U(\omega)$，利用上述关系式，可求得每个频率扰动信号下的动态阻抗值 $Z(\omega)$ 和相位角 φ 为

$$Z(\omega) = \frac{U(\omega)}{I(\omega)} = Z' + jZ'' \tag{2-41}$$

$$\varphi = -\frac{Z''}{Z'} \tag{2-42}$$

为了研究磷酸铁锂电池在充放电过程中电化学内阻的变化情况，并根据不同频率下测试所获得的内阻数据来提取出与电池动态特性相关的特征参数，实验决定对样品电池进行不同倍率下的充放电循环测试，每达到一定的循环周期，进行容量标定后，分别进行一组完整的充电过程和放电过程的内阻测试。

（3）初始容量标定测试

电池在做测试之前，需要对其容量进行初始标定，方便观察后续电池容量衰减的变化情况，初始容量的标定步骤如下：

1）以 $1/3C$（6.67A）电流恒流放电至电池单体放电截止电压 2.5V；

2）电池在标准大气压下，20℃恒温环境下静置 1h；

3）以 $1/3C$ 电流恒流充电至电池单体充电截止电压 3.65V，转恒压充电至电流降至 $1/30C$（0.67A）时停止充电，静置 1h；

4）以 $1/3C$ 电流恒流放电至电池单体放电截止电压 2.5V，静置 1h；

5）重复进行步骤 3）~4）5 次，以第 5 次放出的容量作为当前循环次数下电池的实际容量，停止容量标定测试。

（4）循环寿命测试

经过初始容量标定之后，开始进行电池的循环寿命测试，电池循环寿命测试实验步骤如下：

1）电池在标准大气压下，20℃恒温环境下静置 1h；

2）以 0.2C 电流恒流充电至电池单体充电截止电压 3.65V，静置 10s；

3）以 0.2C 电流恒流放电至电池单体放电截止电压 2.5V，静置 10s；

4）重复步骤 2)～3) 50 次后，停止循环寿命测试。

（5）内阻测试

对锂离子电池而言，电池内阻分为欧姆内阻和极化内阻。欧姆内阻由电极材料、电解液、隔膜电阻及各部分零件的接触电阻组成；极化内阻是指电化学反应时由极化引起的电阻，包括电化学极化和浓差极化引起的电阻。对锂离子电池内阻的测量又分为静态测量和动态测量两种。电池静态内阻的测量方法是通过调节电化学工作站的扫描频率，采取从 10kHz 逐渐减低到 0.01Hz 的全频扫描方式对锂离子电池进行扫描来测试其内阻。

电池的动态内阻测试主要是在电池充放电过程中，利用传递函数的理论，通过电压探头和电流传感器测量得到的每个频率扰动信号的电流信号及其电压响应信号，求得每个频率扰动信号下的动态内阻值。具体的测试过程为：每经过 50 次循环寿命的测试，要对电池进行容量的标定，假定标定容量结果为 C_a。电池会在测试过程中进行一次完整的充放电循环过程，如果充放电倍率为 0.5C，根据 C_a 将 SOC 全区间平均分为 20 个区间段，如图 2-13 所示，计算出完成每个区间段的充放电所需要的时间 t_1，在每个 SOC 区间内中点附近进行动态内阻的测试，保证测试时长 $t_2<t_1$，这样可以近似认为测量所获得的内阻数据是电池处于某 SOC 状态下的内阻数据，能反映当前 SOC 状态下电池动态内阻的特征。

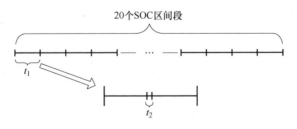

图 2-13　全 SOC 区间的划分及测量时间示意图

由于该阶段的测试承接在标定容量测试之后，所以当前电池的 SOC 为 0，以充电过程为例，动态交流阻抗谱测试步骤总结如下：

1）以 SOC 等于 0 为起点，每个 SOC 区间段内以 0.5C 电流恒流充电，时长为 t_1；

2）在步骤 1）中的每个区间内充电时长达到（$t_1 - t_2$）/2 时，开始进行动态交流内阻测试，时长为 t_2；

3）重复步骤 1）~2）20 次，完成所有 SOC 区间段的内阻测量，停止测试。

这里需要说明的是，进行测试之前，需要在计算机软件操作界面上完成测试模式、测试频率范围及测试点个数的设置，达到相应的测试时间通过软件来控制测试的开始。同样的，放电过程的测试与充电过程类似，测试起点选为 SOC = 100%。

所有的实验过程都基于这三种实验类型进行，在不同的充放电倍率下完成对电池的循环测试后，可以得到不同 SOC 状态下的动态内阻，通过后期对实验数据的拟合可以提取出特征参数，从而寻找出特征参数随 SOC 变化的规律。

2.2.1.6 测试结果

设定环境温度为 20℃±1℃，充放电电流设为 0.5C，在测试前对样品电池进行容量标定，为 19.345Ah；并对电池处于不同的 SOC 区间（10%、20%、30%、40%、50%、60%、70%、80%、90%、100%）时进行内阻测试，所测的阻抗谱如图 2-14 所示。

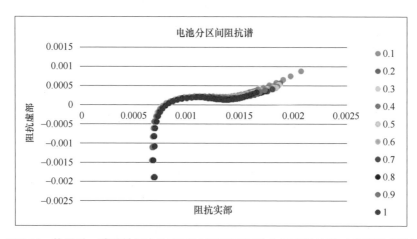

图 2-14 静置时，磷酸铁锂电池在不同 SOC 区间的全频率阻抗谱（彩图见书后）

然后对电池以 0.5C 恒电流进行充放电，在充放电循环过程中分别对电池的不同 SOC 区间（大约 SOC 每变化 5% 测试一次）进行电池的内阻测量。具体的测量结果如图 2-15 和图 2-16 所示。

综合上述的测试过程和测试结果，在电池充电开始时，即在电池的 SOC 为 0~10% 时，由于电池的极化现象，电池内阻包括欧姆内阻和极化内阻，随着充

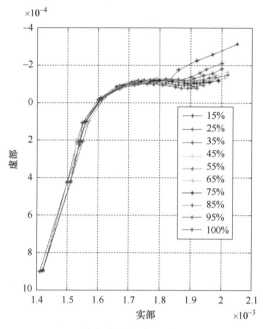

图 2-15　不同 SOC 下的交流阻抗谱（充电过程）（彩图见书后）

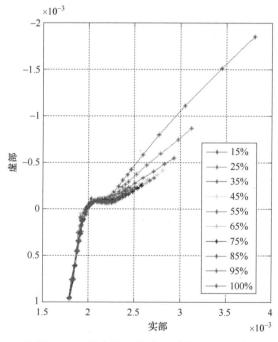

图 2-16　不同 SOC 下的交流阻抗谱（放电过程）（彩图见书后）

电的进行，极化现象逐渐减弱，此时电池内阻主要为欧姆内阻，并具有一定的规律性，但在充电末端，即电池的 SOC 达到 90%~100% 时，电池的极化现象又趋于活跃，此时电池的内阻又表现为极化内阻和欧姆内阻之和，且变化极不规律。在同一温度下，随着电流的不同，电池的极化现象变化明显，从目前的情况看，电流越大，电池的极化情况越明显，特别是在电池 SOC 两端，分化较大。

2.2.1.7 动态阻抗等效电路

基于之前的动态阻抗模型，现在已经初步构建了动态阻抗的等效电路，这样的等效电路也称为 Randle 电路，其中包括了溶液电阻 R_s、电双层电容 C_{dl}、电荷转移电阻 R_{ct} 和扩散阻抗 Z_w。根据模型结构与实际的阻抗谱测量结果，可以进一步地完善电路的模型。从测量结果中可以观察到，无论循环多少次，电池处在哪个 SOC 区间，其阻抗谱在高频区都是一条位于第四象限的曲线，垂直交于横轴，交点代表了 R_s 参数值的大小，中频区是位于第一象限的半圆，圆心在横轴附近，这是由 C_{dl} 与 R_{ct} 并联回路引起的，而低频区是一条与横轴成 45° 的直线，这代表了电极反应中带电粒子在固相中的扩散过程，对应的等效元件为扩散阻抗 Z_w，理想的电池动态阻抗曲线如图 2-17 所示。

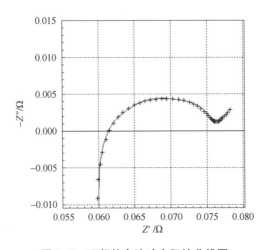

图 2-17　理想的电池动态阻抗曲线图

事实上，由于在阻抗谱中存在第四象限的曲线，即阻抗在高频区呈现出感抗的特征，因此必须把电感 L 考虑到等效电路中来，在众多的电池等效电路模型的研究中，很多研究者也发现高频区存在感抗的情况，经研究表明，电池体系出现感抗的作用并非是产生了感应电流，而是与电极的多孔性结构、表面不均匀以及连接引线有关。因此考虑在溶液电阻 R_s 前面串联一个电感 L 来等效这部分阻抗谱的特征，如图 2-18 所示。

此外，从图 2-17 可以看出，阻抗谱中间的半圆存在一定的变形，弧长对应的圆心角没有达到 π，并且圆弧对应的圆心并不一定在横轴上，因此这里的电双层电容不是一个纯电容，可以考虑用常相位角元件 Q 来代替电双层电容 C_{dl}，在后续的阻抗谱拟合过程中可以考虑如图 2-19 所示的修正 Randle 电路模型。

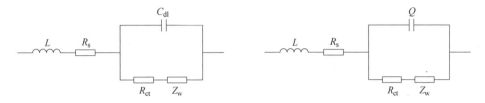

图 2-18　添加电感 L 的 Randle 电路模型　　　图 2-19　修正后的 Randle 电路模型

2.2.1.8　总结

本章从电池阻抗谱中的基本元件和特殊元件出发，阐述了电池动态阻抗的概念和已有的电池动态阻抗模型，并基于电池在充放电过程中的特点，对不同 SOC 区间内的电池进行阻抗谱的测量，根据测量结果对已有的电池动态阻抗模型进行了优化，进一步完善动态阻抗模型，从而确立测试电池的动态阻抗等效电路。为后续提取出与动态一致性相关的特征参数，并寻找特征参数与 SOC、电池容量的变化关系奠定了基础。

2.2.2　电池阻抗特征参数的提取及其电池容量利用率之间的关系

2.2.2.1　动态阻抗特征参数的提取方法

通过大量的电池动态阻抗实验数据，并基于历史经验以及实验中阻抗谱的特征，在上一章中建立了电池的等效电路模型。模型中包含了简单和复合的等效元件，其中一些元件的参数正是反映动态阻抗一致性的特征参数，这里希望将不同特征参数结合实际阻抗谱的曲线特征进行划分并提取出来，明确阻抗谱中的每一部分代表的电化学结构和基本单元步骤，并用特征参数来表征其物理意义，通过将特定频率范围内的多个阻抗数据利用最小二乘法进行曲线拟合，从而求取特征参数值。

本书采取的方法是将阻抗谱进行频率区间划分，根据曲线特征选取阻抗数据利用非线性最小二乘法来拟合测试曲线，通过曲线的几何特征提取出特征参数。以中频段的圆弧拟合作为例子进行介绍。此处的动态阻抗表达式简化为

$$Z = R_s + \cfrac{1}{\cfrac{1}{R_{ct}} + Q} \tag{2-43}$$

通过对圆弧的拟合，我们的目标是将其中的 R_s 和 R_{ct} 两特征参数提取出来，

圆弧拟合的几何关系如图 2-20 所示。

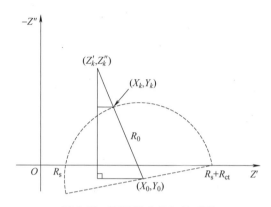

图 2-20 圆弧拟合几何关系图

图中 (X_0, Y_0) 为拟合后半圆的圆心，R_0 为半圆的半径。(Z_k', Z_k'') 为实验测量得到的任意一个频率下的阻抗数据点，对 N 次测量所获得的阻抗数据点进行最小二乘拟合，可得到一个虚线所示的半圆，半圆交横轴于两点 $(R_s, 0)$，$(R_s+R_{ct}, 0)$，由于这两点均在半圆上，两点的中垂线必经过圆心 (X_0, Y_0)，可通过 X_0、Y_0、R_0 计算出特征参数 R_s 和 R_{ct}。

连接测量阻抗数据点 (Z_k', Z_k'') 与圆心 (X_0, Y_0) 交圆上于点 (X_k, Y_k)，该点便是根据实验数据点在拟合半圆上提取出的拟合阻抗点，从图中的直角三角形可以根据三角形相似定理得到关系式：

$$\frac{X_0-Z_k'}{X_k-Z_k'} = \frac{\sqrt{(X_0-Z_k')^2+(Y_0-Z_k'')^2}}{\sqrt{(X_0-Z_k')^2+(Y_0-Z_k'')^2}-R_0} \tag{2-44}$$

$$\frac{Y_0-Z_k''}{Y_k-Z_k''} = \frac{\sqrt{(X_0-Z_k')^2+(Y_0-Z_k'')^2}}{\sqrt{(X_0-Z_k')^2+(Y_0-Z_k'')^2}-R_0} \tag{2-45}$$

如果定义 δ 为拟合点与实验数据点之间误差的二次方和，则有

$$\delta = \sum_{k=1}^{N} (\delta_k' + \delta_k'') \tag{2-46}$$

其中 δ_k' 与 δ_k'' 分别为拟合点与实验数据点之间实部和虚部的绝对误差的二次方，具体表达式为

$$\delta_k' = (X_k-Z_k')^2 \tag{2-47}$$

$$\delta_k'' = (Y_k-Z_k'')^2 \tag{2-48}$$

将式（2-44）与式（2-45）变形整理后分别代入到式（2-47）与式（2-48）中，有

$$\delta_k' = \left(X_0 - Z_k' - \frac{R_0(X_0 - Z_k')}{\sqrt{(X_0 - Z_k')^2 + (Y_0 - Z_k'')^2}} \right)^2 \qquad (2-49)$$

$$\delta_k'' = \left(Y_0 - Z_k'' - \frac{R_0(Y_0 - Z_k'')}{\sqrt{(X_0 - Z_k')^2 + (Y_0 - Z_k'')^2}} \right)^2 \qquad (2-50)$$

这样，就可以得到一个误差二次方和 δ 关于 X_0、Y_0、R_0 的多元函数，根据最小二乘法的原理，欲获得最佳的拟合曲线，需要保证 δ 取最小值，则根据多元函数求极值的方法可分别对 δ 求关于 X_0、Y_0、R_0 的一阶偏导数并令导数值为 0，构成线性方程组并求解，可得到待定系数 X_0、Y_0、R_0，然后可依据图 2-20 中的几何关系求得特征参数 R_s 和 R_{ct}，表达式如下：

$$R_{ct} = 2\sqrt{R_0^2 - Y_0^2} \qquad (2-51)$$

$$R_s = X_0 - \sqrt{R_0^2 - Y_0^2} \qquad (2-52)$$

基于这种方法再结合之前的实验数据，可以提取出动态阻抗等效电路中的特征参数，并对电池的阻抗谱进行拟合，得到的等效电路各元件参数值见表 2-2，电池的拟合阻抗谱结果如图 2-21 所示。从仿真效果看，该方法能很好地完成对电池的拟合，仿真结果能较好地表征电池的特征，可用来进行后续的分析研究。

表 2-2　等效电路各元件参数值

序号	元件	元件参数值	各元件拟合的标准相对误差
1	L/H	7.208×10^{-8}	5.799%
2	R_s/Ω	1.534×10^{-3}	1.628%
3	C/F	6.138	21.11%
4	R_{ct}/Ω	3.722×10^{-4}	8.418%
5	Y_0 (S)	2483	11.51%

2.2.2.2　电池静态阻抗测试

锂离子电池静态内阻的测量方法是通过调节电化学工作站的扫描频率，采取从 10kHz 逐渐降低到 0.01Hz 的全频扫描方式对锂离子电池进行扫描来测试其内阻。为了分析阻抗与电池容量之间的关系，把电池的容量分为 10 个区间，每个区间都进行测试，最后比较静态阻抗及其特征变量在各个区间的变化情况，样品电池仍选用之前实验用的 $LiFePO_4$ 储能电池。对于测量结果，运用上节介绍的仿真方法提取电池的特征参数，查找特征参数随 SOC 变化的规律。电池静态阻抗谱如图 2-22 所示，仿真得出的特征参数变化规律如图 2-23 所示。

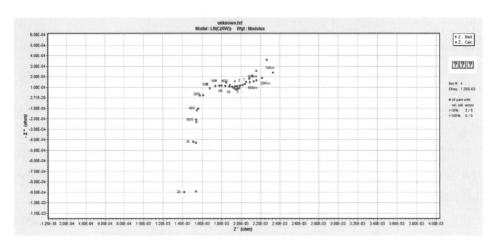

图 2-21　拟合阻抗谱结果（彩图见书后）

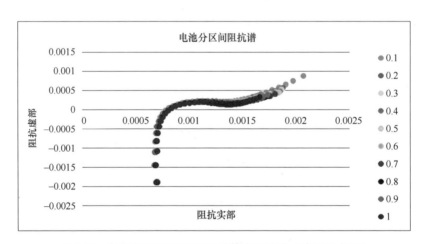

图 2-22　电池在不同 SOC 区间的静态阻抗谱（彩图见书后）

根据提取出的特征参数随 SOC 变化的情况，可以得出以下结论：

1）电荷转移电阻 R_{ct} 在 SOC 为 20%~80% 范围内几乎保持不变，在 SOC 较低和较高的情况下会出现明显增大的趋势；

2）扩散阻抗 Y_0 在 SOC 为 20%~80% 范围内几乎保持不变，在 SOC 较低和较高的情况下会出现明显减小的趋势。

理论表明，电池在静置状态下，电荷转移电阻 R_{ct} 反映锂离子从晶体中脱出或嵌入所受到的阻力，在 SOC 低于 20% 时和高于 80% 时，由于电池处于全满和全空状态，电池已经处于充电和放电的末期，电荷转移过程逐渐减缓，使得锂离子在晶体中的嵌入或脱出变得越来越困难，所受到的阻力也逐渐增大，

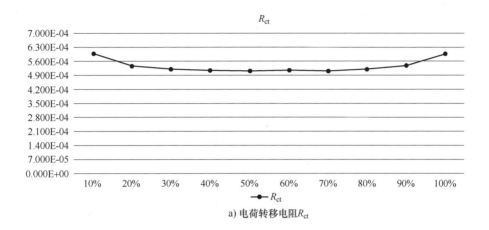

a) 电荷转移电阻R_{ct}

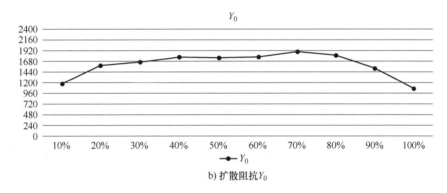

b) 扩散阻抗Y_0

图 2-23　电池阻抗模型的特征参数随 SOC 变化的关系图

因此会出现 R_{ct} 增大的情况，而 SOC 在 20%~80% 范围内，电池的电荷转移过程相对稳定，锂离子嵌入或脱出正极材料相对容易，因此 R_{ct} 处于一个较低的稳定值。

　　同理，扩散阻抗 Y_0 反映的是锂离子在固相中的扩散过程，同样受到锂离子在固相中扩散时所受阻力的影响，与 R_{ct} 变化规律类似，只不过 Y_0 是导纳的形式，因此在图中的变化规律与 R_{ct} 相反。

2.2.2.3　电池动态阻抗测试

1. 电池动态阻抗谱充电测试

（1）0.2C 倍率下充电过程中阻抗谱测试

设定环境温度为 20℃±1℃，充电电流设为 0.2C（4A），在测试前对样品电池进行容量标定，为 19.775Ah；并对电池处于不同的 SOC 区间时进行内阻测试，在实验过程中，为了寻找提取出的特征参数在充电过程中随 SOC 增大的变化关系，分别对循环周期为 50、100、200 次时的电池进行充电过程的阻抗谱测试。

1）50 次循环周期测试结果（见图 2-24）。

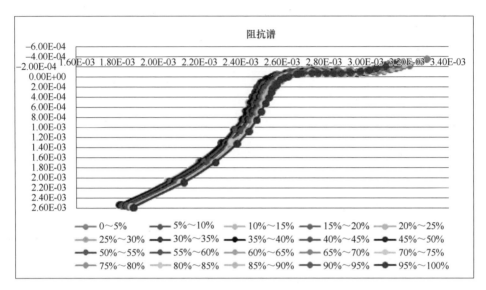

图 2-24 电池在 0.2C 充电过程中，50 次循环后不同 SOC 区间下的阻抗谱（彩图见书后）

依据等效电路模型，通过仿真软件拟合提取出特征参数，做出随 SOC 变化的关系图如图 2-25 所示。

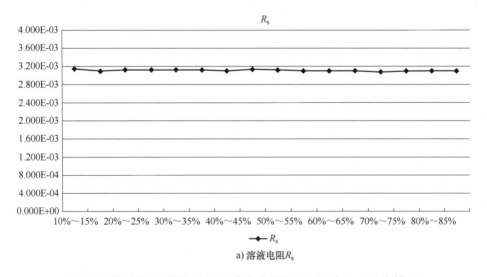

a) 溶液电阻 R_s

图 2-25 模型的特征参数随 SOC 变化关系图（0.2C 充电，50 次循环）

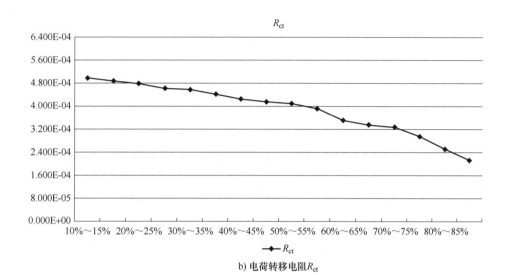

b) 电荷转移电阻R_{ct}

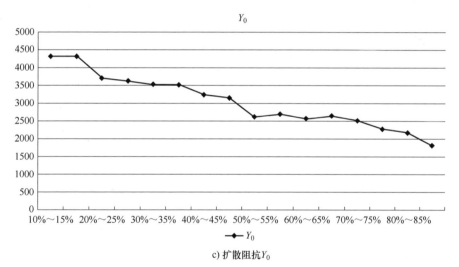

c) 扩散阻抗Y_0

图 2-25　模型的特征参数随 SOC 变化关系图（0.2C 充电，50 次循环）（续）

2）100 次循环周期测试结果（见图 2-26）。

依据等效电路模型，通过仿真软件拟合提取出特征参数，做出随 SOC 变化的关系图如图 2-27 所示。

3）200 次循环周期测试结果（见图 2-28）。

依据等效电路模型，通过仿真软件拟合提取出特征参数，做出随 SOC 变化的关系图如图 2-29 所示。

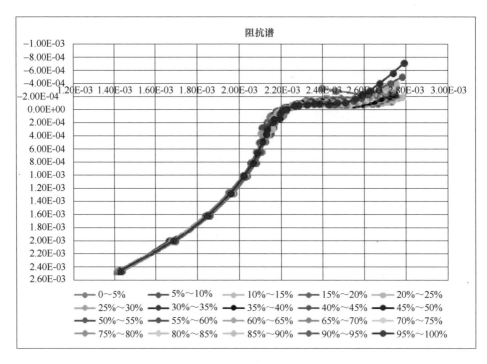

图 2-26 电池在 0.2C 充电过程中，100 次循环后不同 SOC 区间下的阻抗谱（彩图见书后）

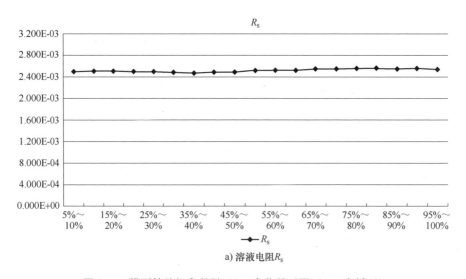

a) 溶液电阻 R_s

图 2-27 模型的特征参数随 SOC 变化关系图（100 次循环）

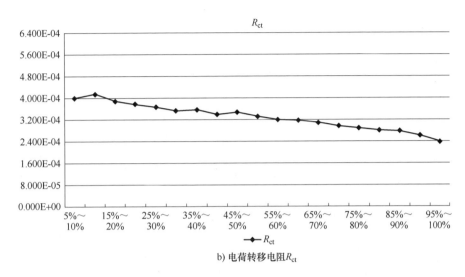

b) 电荷转移电阻 R_{ct}

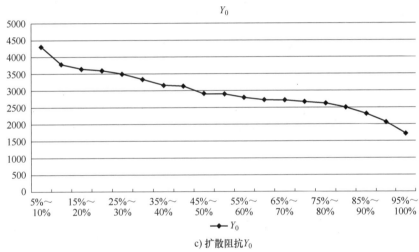

c) 扩散阻抗 Y_0

图 2-27　模型的特征参数随 SOC 变化关系图（100 次循环）（续）

　　从上述实验结果中可以观察到，溶液电阻 R_s 几乎不随 SOC 的增大而变化，它作为电池内阻的主要体现，反映了电池内部电解液对电荷传递的阻力，一般只与温度有关，受 SOC 影响很小，因此在后续的特征参数提取研究中可忽略这个参数。而电荷转移电阻 R_{ct} 和扩散阻抗 Y_0 均随 SOC 的增大而减小。如果对不同循环周期下的特征参数变化规律以及不同模型提取出的特征参数变化规律进行对比，可以初步得到：在 $0.2C$ 充电倍率下的循环寿命实验后进行的动态阻抗谱测试中，特征参数随 SOC 增大的变化规律不会随着循环周期的增加而有所变化。

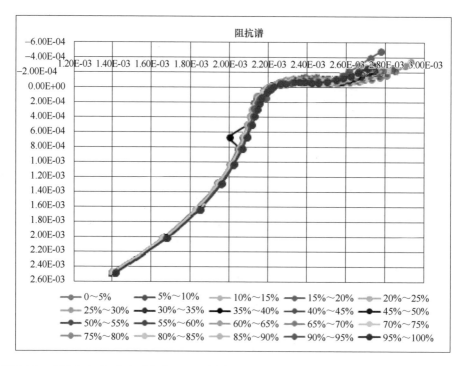

图 2-28 电池在 0.2C 充电过程中，200 次循环后不同 SOC 区间下的阻抗谱（彩图见书后）

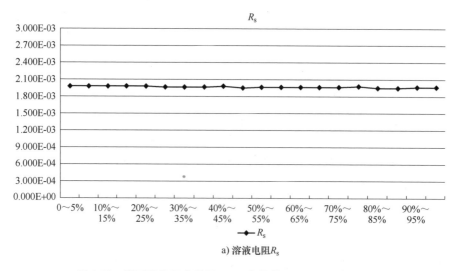

a) 溶液电阻R_s

图 2-29 模型的特征参数随 SOC 变化关系图（200 次循环）

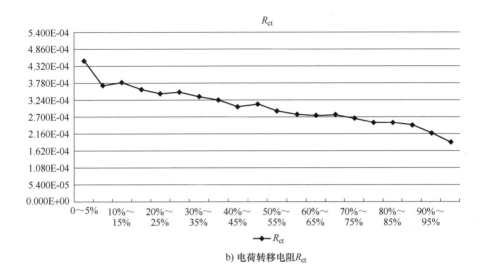

b) 电荷转移电阻R_{ct}

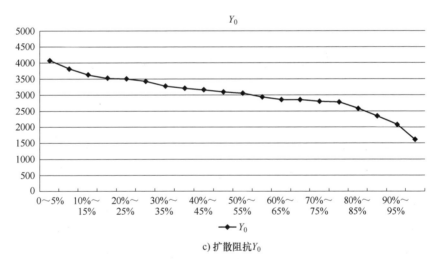

c) 扩散阻抗Y_0

图 2-29　模型的特征参数随 SOC 变化关系图（200 次循环）（续）

（2）0.5C 倍率下充电过程中阻抗谱测试

设定环境温度为 20℃±1℃，充电电流设为 0.5C（10A），在测试前对样品电池进行容量标定，为 19.345Ah；并对电池处于不同的 SOC 区间时进行内阻测试。实验过程中，分别对循环周期为 50、100、200、300 次时的电池进行充电过程中的阻抗谱测试。根据模型来提取不同 SOC 下的特征参数 R_{ct} 和 Y_0。

1）50 次循环周期测试结果（见图 2-30 和图 2-31）。

2）100 次循环周期测试结果（见图 2-32 和图 2-33）。

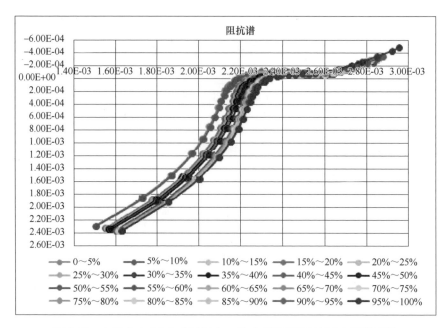

图 2-30　电池在 0.5C 充电过程中，50 次循环后不同 SOC 区间下的
阻抗谱（彩图见书后）

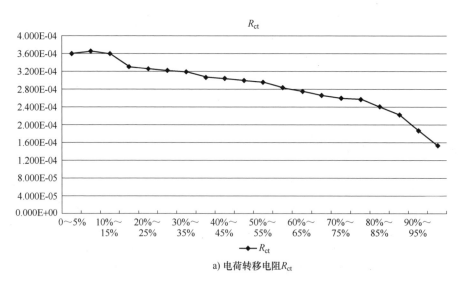

a) 电荷转移电阻 R_{ct}

图 2-31　模型的特征参数随 SOC 变化关系图（50 次循环）

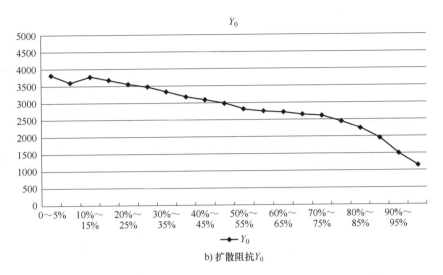

b) 扩散阻抗 Y_0

图 2-31　模型的特征参数随 SOC 变化关系图（50 次循环）（续）

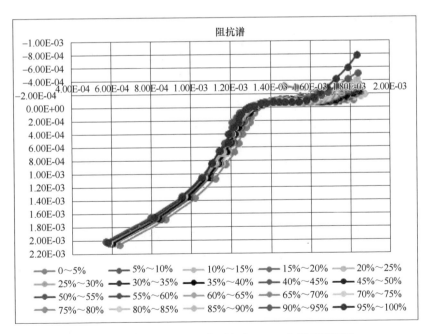

图 2-32　电池在 0.5C 充电过程中，100 次循环后不同
SOC 区间下的阻抗谱（彩图见书后）

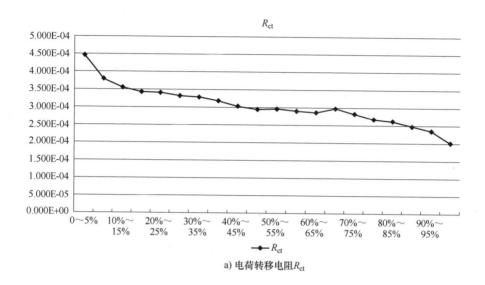

a) 电荷转移电阻R_{ct}

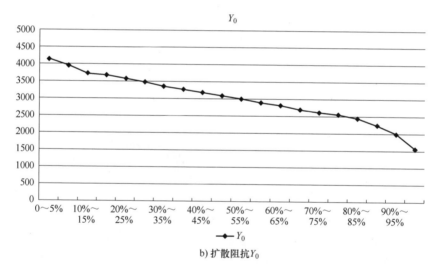

b) 扩散阻抗Y_0

图 2-33　模型的特征参数随 SOC 变化关系图（100 次循环）

3）200 次循环周期测试结果（见图 2-34 和图 2-35）。

4）300 次循环周期测试结果（见图 2-36 和图 2-37）。

（3）1C 倍率下充电过程中阻抗谱测试

设定环境温度为 20℃±1℃，充放电电流设为 1C（20A），在测试前对样品电池进行容量标定，为 19.178Ah；并对电池处于不同的 SOC 区间时进行内阻测试，在 1C 倍率的实验过程中，分别对循环周期为 100、200、300、400 时的电池进行充电过程中的阻抗谱测试。根据模型来提取不同 SOC 下的特征参数 R_{ct} 和 Y_0。

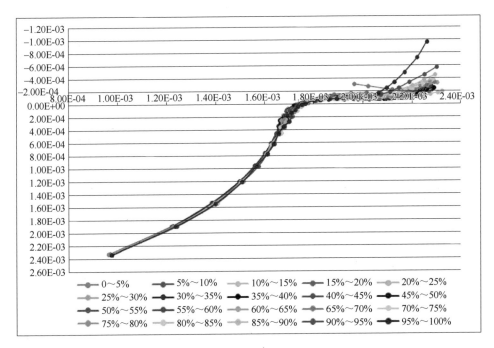

图 2-34 电池在 0.5C 充电过程中，200 次循环后不同 SOC 区间下的阻抗谱（彩图见书后）

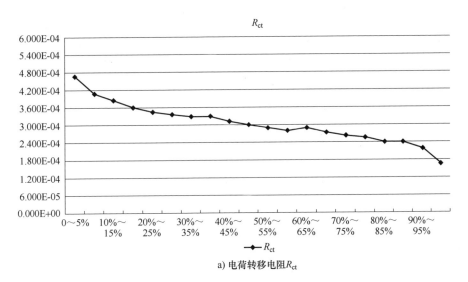

a) 电荷转移电阻R_{ct}

图 2-35 模型的特征参数随 SOC 变化关系图（200 次循环）

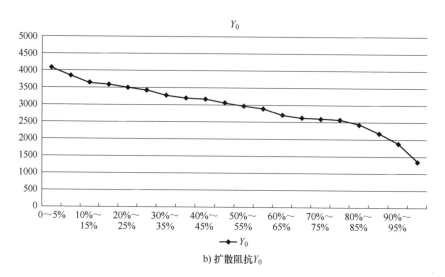

b) 扩散阻抗 Y_0

图 2-35　模型的特征参数随 SOC 变化关系图（200 次循环）（续）

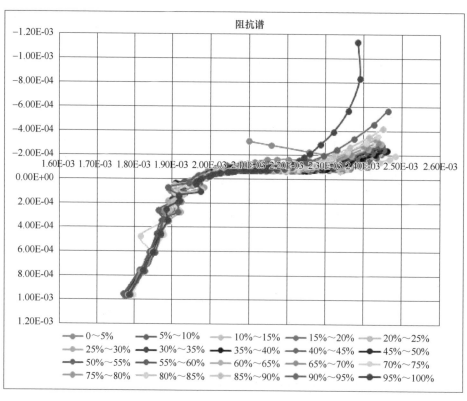

图 2-36　电池在 0.5C 充电过程中，300 次循环后不同 SOC 区间下的阻抗谱（彩图见书后）

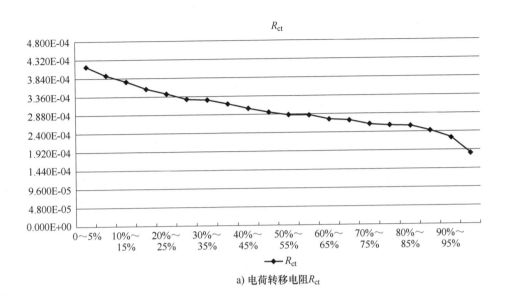

a) 电荷转移电阻R_{ct}

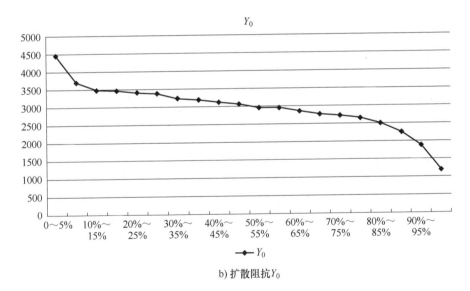

b) 扩散阻抗Y_0

图 2-37　模型的特征参数随 SOC 变化关系图（300 次循环）

1）100 次循环周期测试结果（见图 2-38 和图 2-39）。

2）200 次循环周期测试结果（见图 2-40 和图 2-41）。

3）300 次循环周期测试结果（见图 2-42 和图 2-43）。

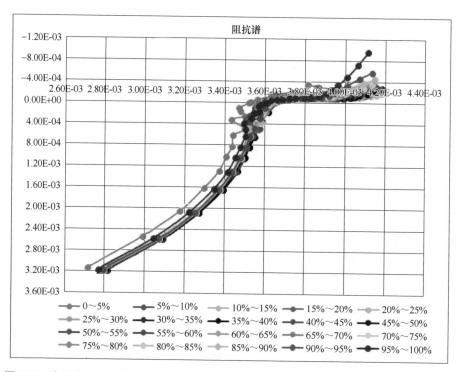

图 2-38　电池在 1C 充电过程中，100 次循环后不同 SOC 区间下的阻抗谱（彩图见书后）

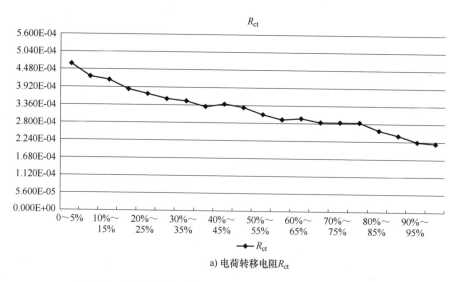

a）电荷转移电阻R_{ct}

图 2-39　模型的特征参数随 SOC 变化关系图（100 次循环）

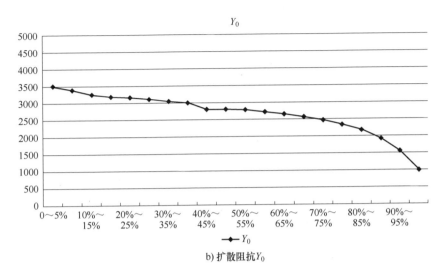

b) 扩散阻抗Y_0

图 2-39　模型的特征参数随 SOC 变化关系图（100 次循环）（续）

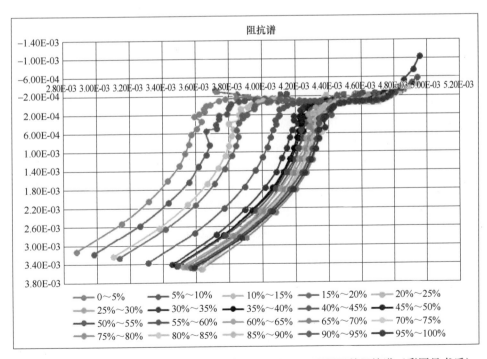

图 2-40　电池在 1C 充电过程中，200 次循环后不同 SOC 区间下的阻抗谱（彩图见书后）

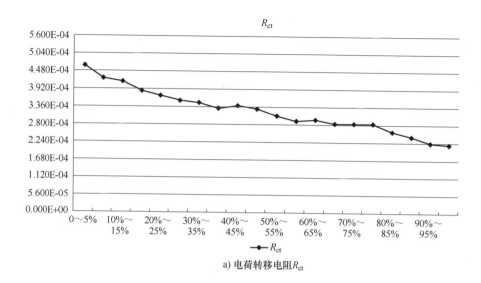

a) 电荷转移电阻R_{ct}

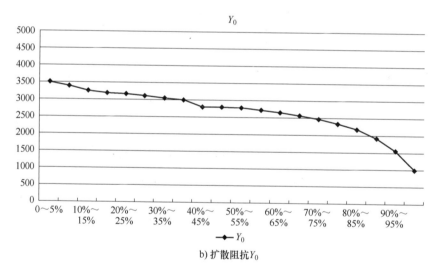

b) 扩散阻抗Y_0

图 2-41 模型的特征参数随 SOC 变化关系图（200 次循环）

4）400 次循环周期测试结果（见图 2-44 和图 2-45）。

综合以上 $0.5C$ 和 $1C$ 倍率下循环测试后的特征参数变化规律，可以得出以下结论：

1）在不同的充电倍率的情况下，电池的阻抗随着充电倍率的增大而增大；在相同充电倍率的情况下，电池的阻抗随着循环次数的增加而有增大的趋势；在 $0 \sim 10\%$ SOC 和 $90\% \sim 100\%$ SOC 区间，电池的阻抗明显偏大，且随着循环次数和倍率的增大而有增大的趋势。

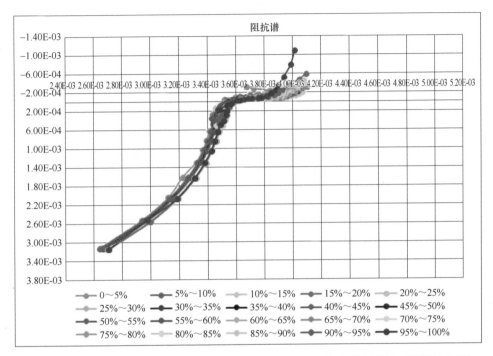

图 2-42　电池在 1*C* 充电过程中，300 次循环后不同 SOC 区间下的阻抗谱（彩图见书后）

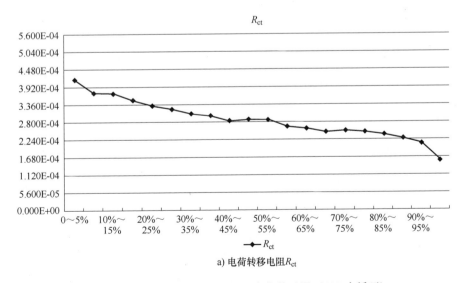

a) 电荷转移电阻 R_{ct}

图 2-43　模型的特征参数随 SOC 变化关系图（300 次循环）

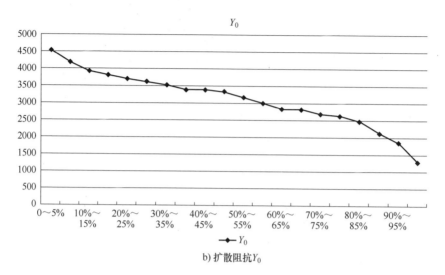

b) 扩散阻抗Y_0

图 2-43　模型的特征参数随 SOC 变化关系图（300 次循环）（续）

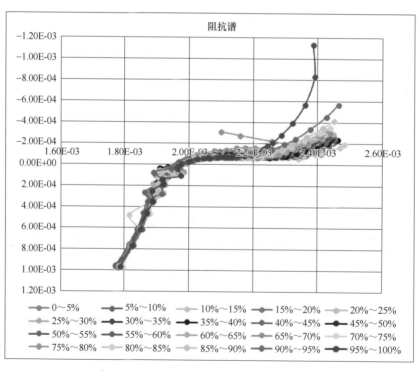

图 2-44　电池在 1C 充电过程中，400 次循环后不同 SOC 区间下的阻抗谱（彩图见书后）

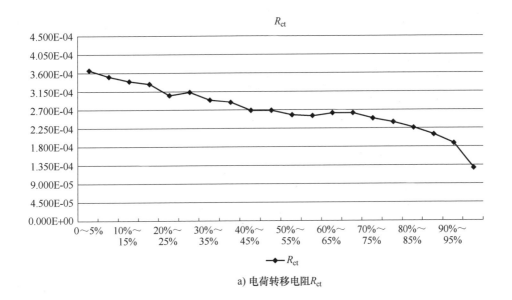

a) 电荷转移电阻R_{ct}

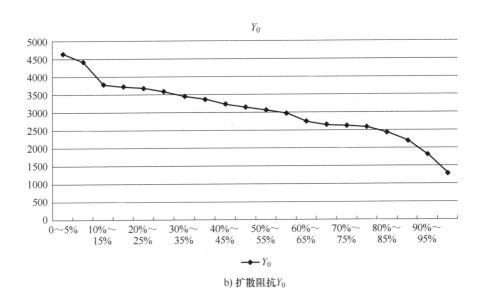

b) 扩散阻抗Y_0

图 2-45　模型的特征参数随 SOC 变化关系图（400 次循环）

2）在不同充电倍率的循环测试后，在充电阶段动态阻抗谱测试中提取的特征参数，其随 SOC 的变化情况具有高度的相似性，不会因循环测试中倍率上的差异，导致特征参数随 SOC 的增大出现不一样的变化趋势。

3）在相同充电倍率的循环测试条件下，在同一块电池经过不同循环次数后进行的充电阶段动态阻抗谱测试中所提取的特征参数，其随 SOC 的变化情况同样具有高度的相似性，不会因电池循环次数的增加而导致特征参数随 SOC 的增大出现不一样的变化趋势。

4）电荷转移电阻 R_{ct} 在充电过程中随着 SOC 的逐渐增大，呈现出单调递减的变化趋势；扩散阻抗 Y_0 在充电过程中随着 SOC 的逐渐增大，呈现出单调递减的变化趋势。

2. 电池动态阻抗谱放电测试

（1）$0.2C$ 倍率下放电过程中的阻抗谱测试

设定环境温度为 $20℃±1℃$，放电电流设为 $0.2C$（4A），在放电过程中对电池处于不同的 SOC 区间时进行内阻测试，为了寻找提取出的特征参数在放电过程中随 SOC 增大的变化关系，分别对循环周期为 50、100、200 次时的电池进行放电过程的阻抗谱测试。

1）50 次循环周期测试结果（见图 2-46 和图 2-47）。

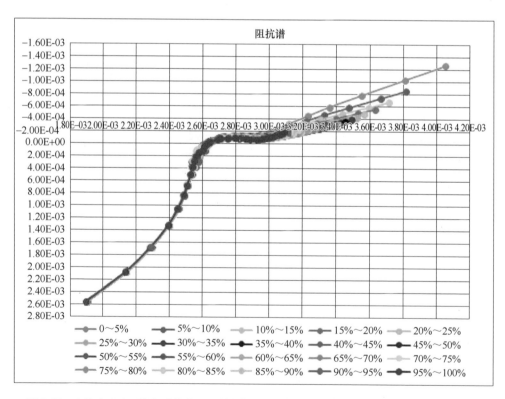

图 2-46 电池在 $0.2C$ 放电过程中，50 次循环后不同 SOC 区间下的阻抗谱（彩图见书后）

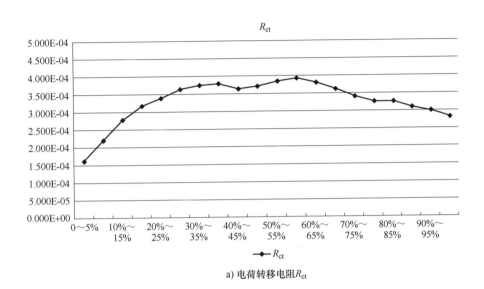

a) 电荷转移电阻R_{ct}

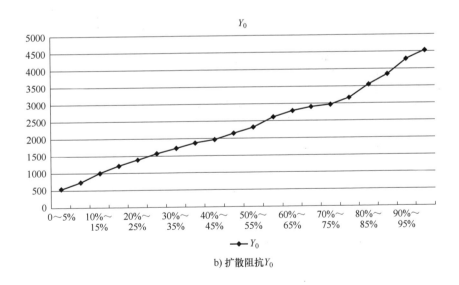

b) 扩散阻抗Y_0

图 2-47　模型的特征参数随 SOC 变化关系图（50 次循环）

2）100 次循环周期测试结果（见图 2-48 和图 2-49）。

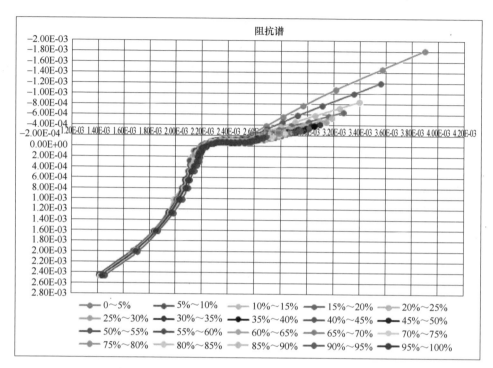

图 2-48　电池在 **0.2C** 放电过程中，**100** 次循环后不同 **SOC** 区间下的阻抗谱（彩图见书后）

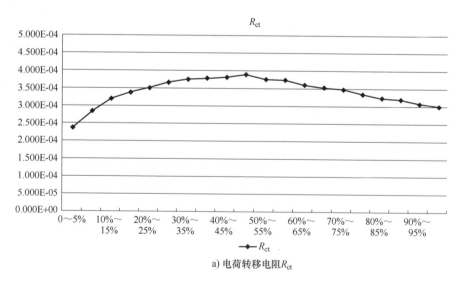

a）电荷转移电阻R_{ct}

图 2-49　模型的特征参数随 **SOC** 变化关系图（100 次循环）

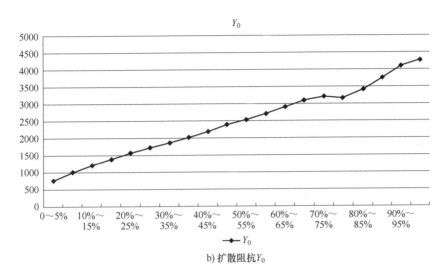

b) 扩散阻抗Y_0

图 2-49　模型的特征参数随 SOC 变化关系图（100 次循环）（续）

3）200 次循环周期测试结果（见图 2-50 和图 2-51）。

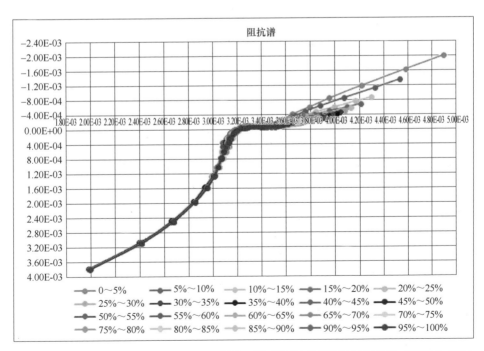

图 2-50　电池在 0.2C 放电过程中，200 次循环后不同 SOC 区间下的阻抗谱（彩图见书后）

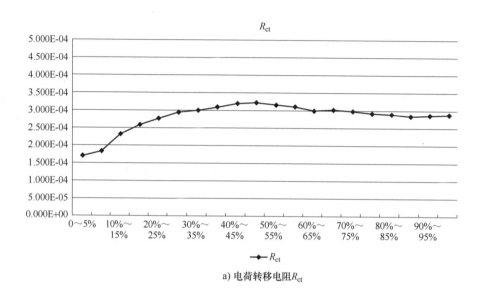

a) 电荷转移电阻R_{ct}

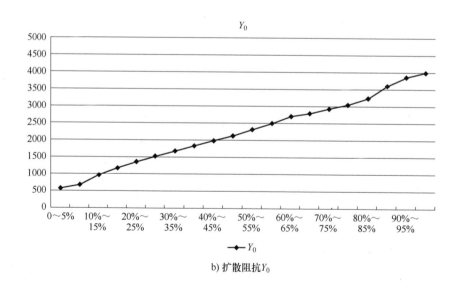

b) 扩散阻抗Y_0

图2-51 模型的特征参数随SOC变化关系图（200次循环）

（2）0.5C 倍率下放电过程中阻抗谱测试

1）50 次循环周期测试结果（见图 2-52 和图 2-53）。

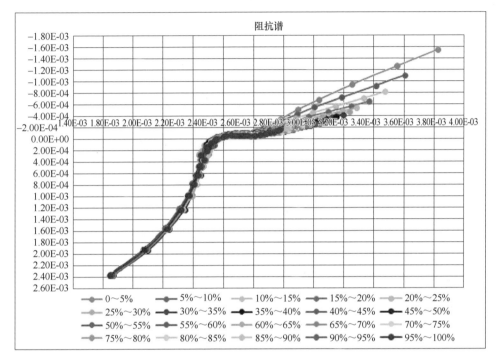

图 2-52　电池在 0.5C 放电过程中，50 次循环后不同 SOC 区间下的阻抗谱（彩图见书后）

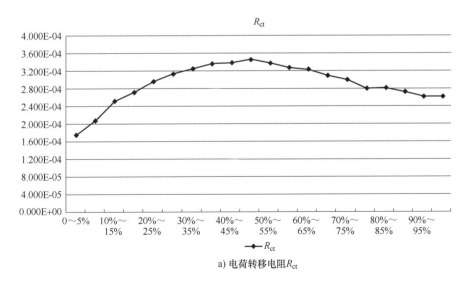

a）电荷转移电阻 R_{ct}

图 2-53　模型的特征参数随 SOC 变化关系图（50 次循环）

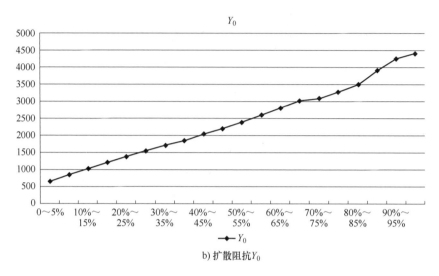

b) 扩散阻抗Y_0

图 2-53　模型的特征参数随 SOC 变化关系图（50 次循环）（续）

2）100 次循环周期测试结果（见图 2-54 和图 2-55）。

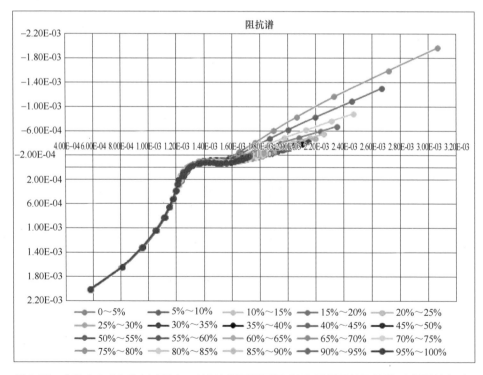

图 2-54　电池在 0.5C 放电过程中，100 次循环后不同 SOC 区间下的阻抗谱（彩图见书后）

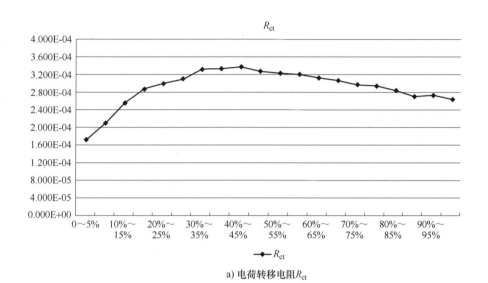

a) 电荷转移电阻R_{ct}

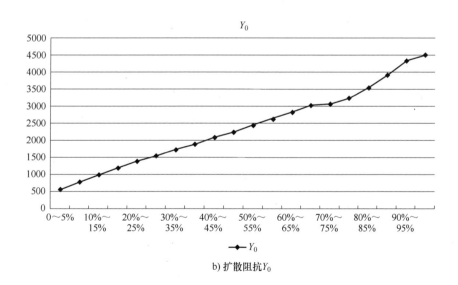

b) 扩散阻抗Y_0

图 2-55　模型的特征参数随 SOC 变化关系图（100 次循环）

3）200 次循环周期测试结果（见图 2-56 和图 2-57）。

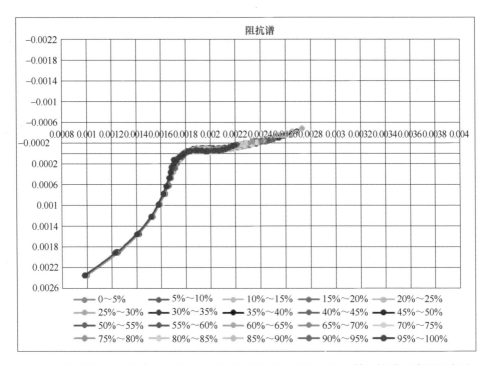

图 2-56　电池在 0.5C 放电过程中，200 次循环后不同 SOC 区间下的阻抗谱（彩图见书后）

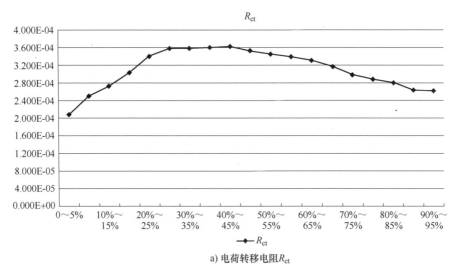

a）电荷转移电阻 R_{ct}

图 2-57　模型的特征参数随 SOC 变化关系图（200 次循环）

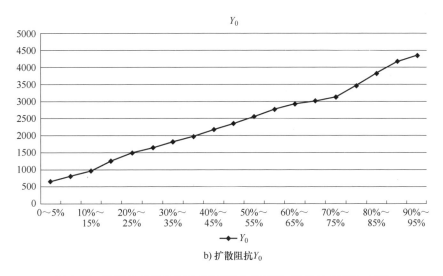

b) 扩散阻抗Y_0

图 2-57　模型的特征参数随 SOC 变化关系图（200 次循环）（续）

4）300 次循环周期测试结果（见图 2-58 和图 2-59）。

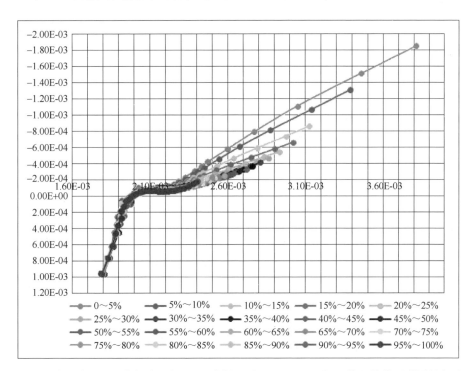

图 2-58　电池在 0.5C 放电过程中，300 次循环后不同 SOC 区间下的阻抗谱（彩图见书后）

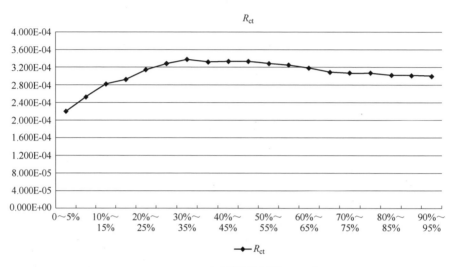

a) 电荷转移电阻R_{ct}

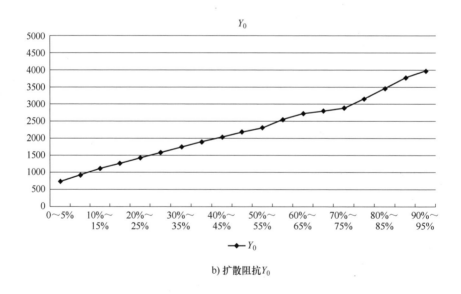

b) 扩散阻抗Y_0

图 2-59　模型的特征参数随 SOC 变化关系图（300 次循环）

（3）1C 倍率下放电过程中阻抗谱测试

1）100 次循环周期测试结果（见图 2-60 和图 2-61）。

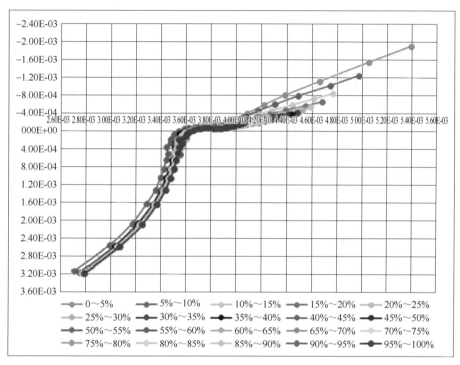

图 2-60　电池在 1C 放电过程中，100 次循环后不同 SOC 区间下的阻抗谱（彩图见书后）

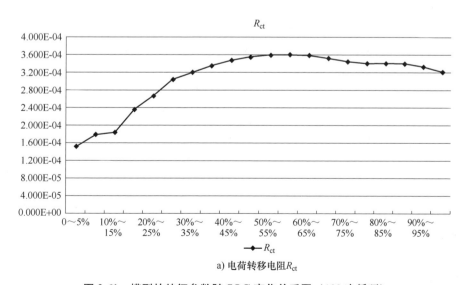

a）电荷转移电阻R_{ct}

图 2-61　模型的特征参数随 SOC 变化关系图（100 次循环）

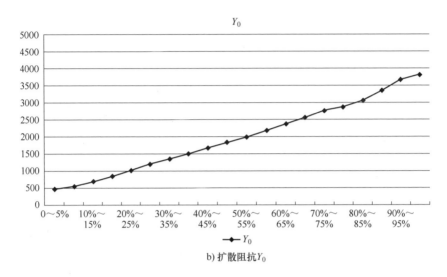

b) 扩散阻抗Y_0

图 2-61　模型的特征参数随 SOC 变化关系图（100 次循环）（续）

2）200 次循环周期测试结果（见图 2-62 和图 2-63）。

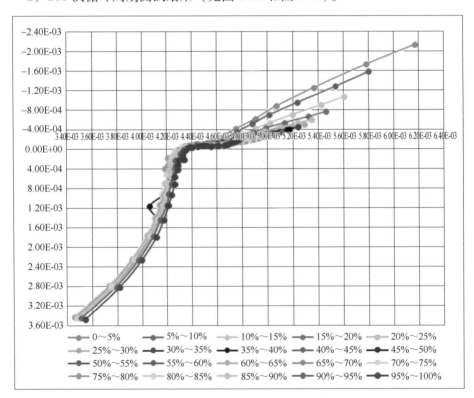

图 2-62　电池在 1C 放电过程中，200 次循环后不同 SOC 区间下的阻抗谱（彩图见书后）

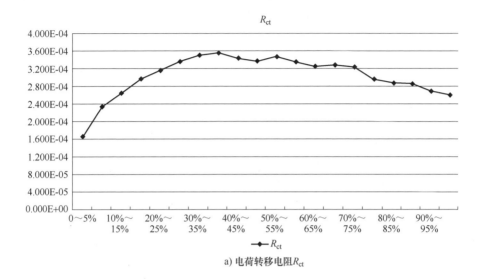

a) 电荷转移电阻 R_{ct}

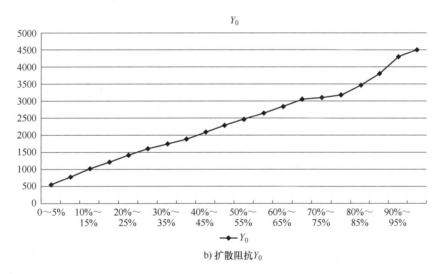

b) 扩散阻抗 Y_0

图 2-63　模型的特征参数随 SOC 变化关系图（200 次循环）

3）300 次循环周期测试结果（见图 2-64 和图 2-65）。

4）400 次循环周期测试结果（见图 2-66 和图 2-67）。

综合 $0.2C$、$0.5C$ 和 $1C$ 放电倍率下循环测试后的特征参数变化规律，可以得出以下结论：

1）与充电过程类似，在不同的放电倍率的情况下，电池的阻抗随着倍率的增大而增大，且增大效果比充电过程明显；在相同放电倍率的情况下，电池的阻抗随着循环次数的增加却没有规律可循；在 0～10% SOC 和 90%～

100% SOC 区间，电池的阻抗变化明显偏大，且随着循环次数和倍率的增大而有增大的趋势。

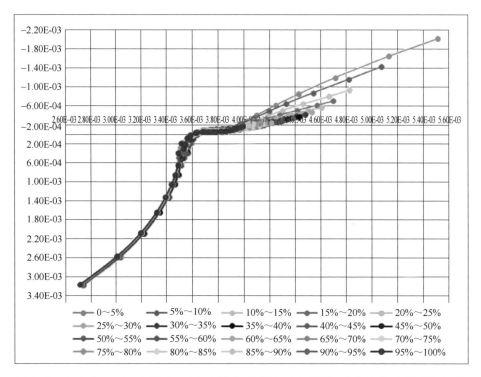

图 2-64　电池在 1C 放电过程中，300 次循环后不同 SOC 区间下的阻抗谱（彩图见书后）

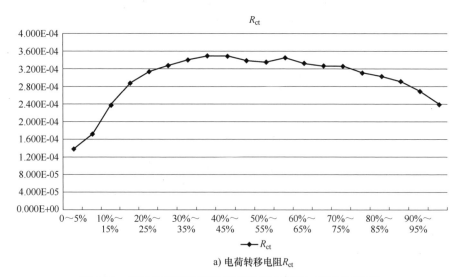

a) 电荷转移电阻R_{ct}

图 2-65　模型的特征参数随 SOC 变化关系图（300 次循环）

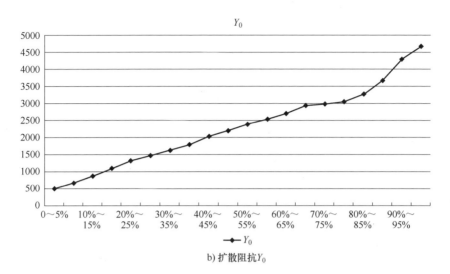

b) 扩散阻抗Y_0

图 2-65　模型的特征参数随 SOC 变化关系图（300 次循环）（续）

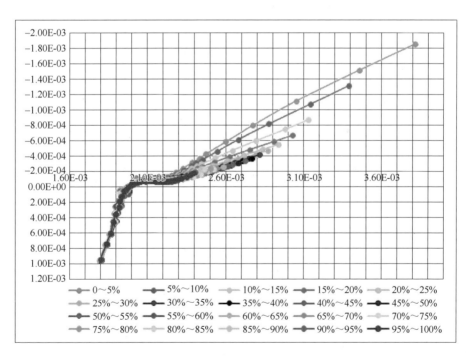

图 2-66　电池在 1C 放电过程中，400 次循环后不同 SOC 区间下的阻抗谱（彩图见书后）

2）在不同充放电倍率的循环测试后进行的动态阻抗谱测试中提取的特征参数，其随 SOC 的变化情况具有高度的相似性，不会因之前进行的循环测试倍率

65

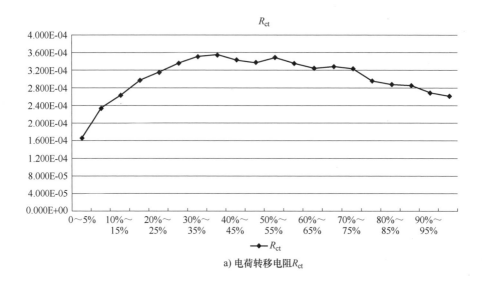

a) 电荷转移电阻R_{ct}

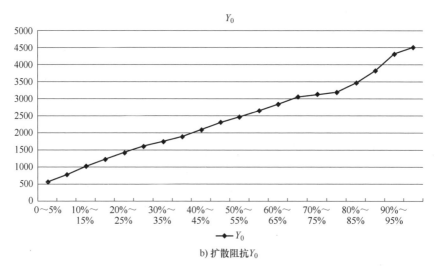

b) 扩散阻抗Y_0

图 2-67　模型的特征参数随 SOC 变化关系图（400 次循环）

上的差异，导致特征参数随 SOC 的降低出现不一样的变化趋势。

3）在相同倍率的循环测试条件下，同一块电池经过不同循环次数后进行的动态阻抗谱测试所提取的特征参数，其随 SOC 的变化情况同样具有高度的相似性，不会因电池循环次数的增加而导致特征参数随 SOC 的降低出现不一样的变化趋势。

4）电荷转移电阻 R_{ct} 在放电过程中随着 SOC 的逐渐减小，呈现出先增大后减小的变化趋势，在 SOC 为 40%~50% 时达到最大值；扩散阻抗 Y_0 在放电过程中随着 SOC 的逐渐减小，呈现出单调递减的变化趋势。

综合充电和放电两个过程的一般规律可以发现，与电池动态一致性相关的两个特征参数 R_{ct} 和 Y_0 随 SOC 的变化规律均不会受到两个方面因素的影响，一个因素是动力学方面的影响，不会因充放电倍率的不同而影响特征参数的变化规律，另一个因素是循环次数的影响，随着循环次数的增加，电池不断地老化，特征参数的变化规律仍然保持不变。那么在实际应用中，如果在开始分选成组时，选用内阻变化规律一致的电池进行成组，电池组的一致性将不会随着电池充放电倍率和循环次数的增加变化太大，电池组保持一致性的概率增加，电池的容量使用率也会有一定的提高。

2.2.2.4　串并联电池动态阻抗测试

（1）串联电池的动态阻抗测试

样品电池选用出厂一致性比较高的单体标称容量为 60Ah 的磷酸铁锂电池 4 块，进行串联成组，设定环境温度为 20℃±1℃，充放电电流设为 0.3C（18A），进行循环充放电，在充放电过程中进行内阻测试，扫描频率 1Hz~10kHz，同时测试循环过程中电池组和单个电池的容量变化。充放电之前对电池组进行容量标定，为 66.334Ah；经过 300 次循环后，再次对电池的容量进行标定，容量为 64.256Ah。图 2-68 是电池成组循环 50 次和 300 次的 4 块电池内阻变化。

从图中，可以看到当把 4 块一致性较好的电池串联组成电池组进行循环充放电时，由于串联时通过每块电池单体的电流相同，对于电池的动态阻抗特性参数影响基本相同，故而反应在测试结果中，可以看到 4 块电池在经过 300 次循环后，动态阻抗的变化趋势基本相同，一致性仍较好，相对电池组的容量没有发生大的衰减。

（2）并联电池的动态阻抗测试

样品电池仍然选用出厂一致性比较高的单体标称容量为 60Ah 的磷酸铁锂电池 4 块，进行并联成组，设定环境温度为 20℃±1℃，充放电电流设为 1C（60A），进行循环充放电，在充放电过程中进行内阻测试，扫描频率 1Hz~10kHz，同时测试循环过程中电池组和单个电池的容量变化。充放电之前对电池组进行容量标定，为 262.732Ah；经过 300 次循环后，再次对电池的容量进行标定，容量为 247.140Ah。图 2-69 是电池成组循环开始时和 300 次的 4 块电池内阻变化图。

从图中可以看到当把 4 块一致性较好的电池并联组成电池组进行循环充放电时，由于并联时通过每块电池单体的电压相同，但电池单体由于其内阻不完全相同，故而流过每个电池单体的电流不尽相同，并联电池组中存在着换流，如果以 1C（60A）对电池组进行充放电，4 块电池单体的电流极差可以达到 30A。由于电流不同，促发电池内部发生不一样的化学反应，根据前文所述，即电池动态阻抗的特征参数发生了不一样的变化趋势，随着循环次数的增加，这种趋势会越来

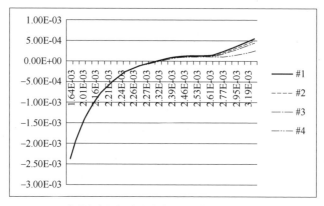

a) 串联电池组中4块电池单体在50次循环后的阻抗谱

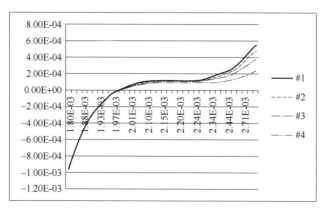

b) 串联电池组中4块电池单体在300次循环后的阻抗谱

图 2-68　串联电池组各个电池单体的动态阻抗谱

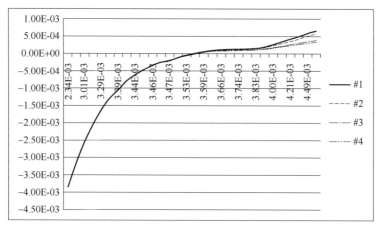

a) 并联电池组中4块电池单体在开始循环时的阻抗谱

图 2-69　并联电池组各个电池单体的动态阻抗谱

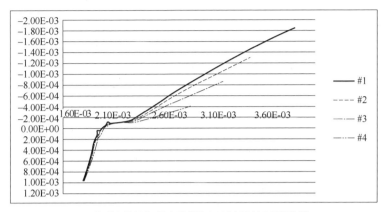

b) 并联电池组中4块电池单体在300次循环后的阻抗谱

图 2-69　并联电池组各个电池单体的动态阻抗谱（续）

越明显，就会造成电池单体之间的动态阻抗谱差距会越来越大，如此往复，会造成某一块电池一直在过充，进而影响电池的寿命和容量，根据短板效应，整个电池组的容量也会急剧下降，进而影响电池组的寿命和容量利用。因此，为了提高电池的容量利用率，提升电池组的使用寿命，需要在分选成组时把电池的动态阻抗作为一个主要因素考虑进去，进而提升电池成组后的寿命和容量利用率。

2. 2. 2. 5　储能电站典型工况下电池动态阻抗的测试

样品电池选用单体标称容量为 60Ah 的磷酸铁锂电池，设定环境温度为 20℃±1℃，储能电站典型工况采用实际风电场中储能电池系统在一段时间内（约 40000s）进行功率跟踪的数据，以此作为一个测试工况对电池进行循环充放电，测试工况曲线如图 2-70 所示。

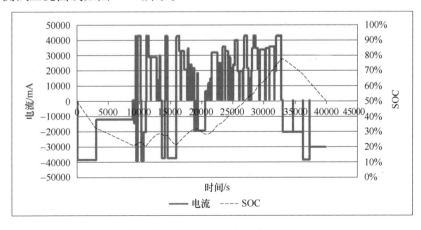

图 2-70　测试用储能电站典型工况

考虑到在线实时测试时，如果全频率扫描，在低频时扫描时间比较长，此时虽然能测试出电池动态阻抗数据，但由于此时电池的实时状态也已经发生变化，对于电池的状态测试反而不是很准确。本书只在测试工况开始前，对电池进行标定，测试电池的容量和阻抗，在经过 10 次循环后，重新对电池进行标定，测试电池的容量和阻抗，找出电池在储能电站典型工况下的动态阻抗的变化规律。开始循环前对电池进行容量标定，为 65.177Ah，在利用图 2-70 所示的储能电站典型工况测试后，大约测试时间为一周，重新对电池进行标定，此时电池的容量为 62.386Ah，并测试此时电池的动态阻抗。电池动态阻抗的测试结果如图 2-71 所示。

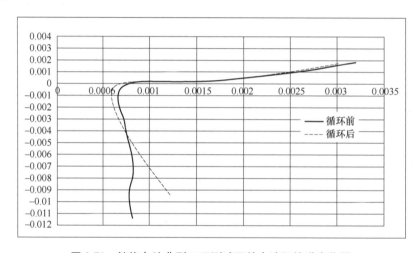

图 2-71　储能电站典型工况测试下的电池阻抗谱变化图

从图 2-71 中可以看出，电池阻抗除了在低频区间发生了细微的变化，在整个循环结束后，电池的阻抗并没有发生很大的改变。分析原因，可能是电池在储能工况工作时，其电池的 SOC 一直维持在 20%～80% 之间，而在这个区间，电荷转移电阻 R_{ct} 和扩散阻抗 Y_0 几乎保持不变，只有在 SOC 较低和较高的情况下才会出现明显变化的趋势，这和之前测试的结论很吻合。这就给储能电池的安全稳定运行提供了理论支持，即储能电池的安全稳定运行 SOC 区间为 20%～80%，在此区间，电池内部阻抗不会发生很大的改变，有利于电池的一致性，有利于提升电池的容量利用率和提高电池使用寿命。

2.2.2.6　电池阻抗特征参数与电池容量之间的关系分析

通过前面分别对动态阻抗和静态阻抗特征参数随 SOC 变化规律的分析和总结，以及电池串并联时电池动态阻抗随容量的变化结果，可以得出电池在动态过程中的特征参数变化规律与静置状态下特征参数变化规律存在差异，这种差异主要可通过电化学电荷转移过程来解释。

在电极极化过程中，两极的电流密度与过电势具有一定的数学关系，同时根据前述对 R_{ct} 的定义，R_{ct} 的倒数等于流过电极的净电流密度关于过电势的一阶偏导数，因此对于 R_{ct} 这一特征参数随 SOC 的变化规律，可以通过过电势随 SOC 的变化来进行解释。

在充电过程中，正极磷酸铁锂材料处发生氧化反应，认为是阳极，锂原子从正极活性材料中脱出，并氧化为锂离子进入电解质；负极碳材料处发生还原反应，认为是阴极，锂离子在阴极处获得电子还原为锂原子并嵌入碳层间材料中。充电过程的初期，磷酸铁锂材料中的锂原子脱离晶体结构，失去电子，以锂离子的形式进入到电解质溶液中，自由电子经过外电路转移到阴极，在这个过程中由于电极反应的速度低于电子在外电路转移的速度导致电荷在两极上出现积累，阳极电势升高，阴极电势降低，均存在极化现象，由于锂离子大部分还聚集在阳极表面附近，阳极的过电势会大于阴极的过电势，因此充电初期净电流密度主要受阳极电流密度的影响，根据阳极塔菲尔公式，如图 2-72 所示，随着阳极过电势 η_a 的不断增大，指数函数 I 关于 η_a 的导数逐渐增大，因此 R_{ct} 逐渐减小。

充电过程的后期，电解质溶液中的锂离子转移到阴极获得电子后还原为锂原子，这一过程相对于初期更加连贯流畅，过电势逐渐降低，在这个阶段 R_{ct} 主要受阴极电流密度的影响，根据阴极塔菲尔公式，如图 2-73 所示可以判断出，随着阴极过电势 η_c 的不断减小，指数函数 I 关于 η_c 的导数逐渐增大，因此 R_{ct} 逐渐减小。

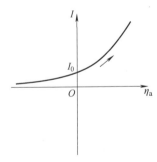

图 2-72　充电初期阳极塔菲尔公式中 η_a 的变化情况

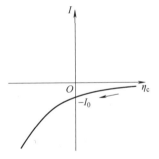

图 2-73　充电后期阴极塔菲尔公式中 η_c 的变化情况

根据上述分析可以总结出：在充电过程中，R_{ct} 在 SOC 不断增大的过程中逐渐减小。这个结论与根据实验阻抗数据提取出的 R_{ct} 变化规律非常一致，从而进一步证明了上述分析的正确性。

在放电过程中，负极碳材料处发生氧化反应，认为是阳极；正极磷酸铁锂材料处发生还原反应，认为是阴极。与充电过程不同的是，整个放电过程的净电流密度主要受锂离子嵌入正极材料的难易程度的影响，因此只需要根据阴极塔菲尔公式中过电势 η_c 的变化情况来分析 R_{ct} 的变化规律。

放电过程的初期，自由电子经外电路在阴极处出现积累，阴极的过电势逐渐增大，根据阴极塔菲尔公式，如图 2-74 可以判断出，随着 η_a 的不断增大，指数函数 I 关于 η_a 的导数逐渐减小，因此 R_{ct} 逐渐增大。

放电过程的后期，阴极上的电子逐渐与阳极迁移过来的锂离子相结合，还原为锂原子并嵌入到磷酸铁锂正极材料中，过电势逐渐减小，根据阴极塔菲尔公式，如图 2-75 所示可以判断出，随着 η_c 的不断减小，指数函数 I 关于 η_c 的导数逐渐增大，因此 R_{ct} 逐渐减小。

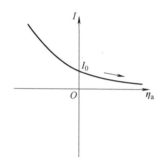

图 2-74　放电初期阴极塔菲尔公式中
η_a 的变化情况

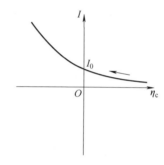

图 2-75　放电后期阴极塔菲尔公式中
η_c 的变化情况

根据上述分析可以总结出：在放电过程中，净电流密度主要受阴极电流密度的影响，根据阴极塔菲尔公式可知，R_{ct} 在 SOC 不断减小的过程中呈现出先增大后减小的变化规律，形似一个开口向下的抛物线。这个结论同样与实验中提取出的特征参数变化曲线非常一致，再一次证明动态过程中的特征参数变化情况可以通过阳极和阴极塔菲尔公式来进行解释。

扩散阻抗反映了锂离子在电极活性材料表层中的扩散过程，其中的特征参数 Y_0 是扩散阻抗的导纳形式，在某种程度上反映了锂离子扩散过程进行的难易程度。Y_0 这项特征参数能比较好地反映电池在充放电过程中的动态过程，根据动态过程中 Y_0 随 SOC 的变化规律可以发现，Y_0 与 SOC 的变化呈现出良好的单调一致性关系，从电极动力学的角度来分析上面的这种变化关系就需要明白锂离子在活性材料表面上的扩散难易程度。无论是充电过程还是放电过程，Y_0 均是动态过程中连续变化的一个参数，不同于在静态时不同时间点上所测量得到的变化规律。

充电过程中，Y_0 主要体现出锂离子在碳负极活性材料中的扩散过程。在充电之前 SOC 趋于 0 时，由于大多数活性锂仍然以原子的形式镶嵌在正极材料中，碳层间材料中并未有活性锂的嵌入，随着充电过程的开始，两边电极反应的进行，逐渐有锂离子经电解质溶液来到碳负极，接合外电路的电子还原为锂原子并嵌入到碳层间化合物中，由于此时碳层间化合物中层与层之间的有效空间较大，锂原子能在其中比较容易地进行扩散，因此此时的 Y_0 较大，随着 SOC 的不断增大，嵌入到碳层间化合物中的锂原子不断增多，有效空间将会逐渐缩小，锂原子在有效空间中的扩散行为变得愈发困难，所以 Y_0 变得越来越小，直至充电过程的结束，此时碳层间化合物中的有效空间达到最小，锂原子在其中的扩散最为困难，Y_0 达到最小值。

放电过程中，Y_0 主要体现出锂离子在正极磷酸铁锂活性材料中的扩散过程。同样可以用充电过程的情况来解释放电过程中的现象，放电初期，正极材料中具有很大的有效空间来满足锂原子的扩散过程，因此 Y_0 较大，随着嵌入正极材料的锂离子数量不断增多，有效空间逐渐减小，扩散过程所受到的阻力越来越大，Y_0 就会随着 SOC 的降低而逐渐减小。

从上面的分析可以发现，Y_0 作为扩散过程的一个重要特征参数，受到了活性锂最终归属地的有效空间的影响，归属地的有效空间在动态过程中会逐渐缩小，导致 Y_0 无论是在充电过程还是放电过程，总是表现出随过程进行单调递减的变化规律。同时 Y_0 随 SOC 变化过程中的这一规律表现出极好的线性特性。

2.2.2.7　小结

本章主要介绍了锂离子电池动态阻抗的特征参数提取方法，利用仿真软件根据非线性最小二乘法将实验所获得的阻抗数据进行拟合，提取出与动态一致性相关的特征参数；然后对磷酸铁锂电池进行不同倍率下的充放电循环测试，串并联电池组测试，并提取了电池的动态阻抗谱，将所获得的阻抗数据进行了特征参数的提取，重点分析了电荷转移电阻 R_{ct} 与扩散阻抗 Y_0 这两个特征参数，并根据大量的重复实验总结出特征参数随 SOC 的变化规律，发现静态下的特征参数与动态特征参数变化规律存在差异；电荷转移电阻 R_{ct} 在放电过程中随着 SOC 的逐渐减小，呈现出先增大后减小的变化趋势，当 SOC 为 40%~50% 时达到最大值，扩散阻抗 Y_0 在放电过程中随着 SOC 的逐渐减小，呈现出单调递减的变化趋势；R_{ct} 在充电过程中随着 SOC 的逐渐增大，呈现出单调递减的变化趋势，扩散阻抗 Y_0 在充电过程中随着 SOC 的逐渐增大，呈现出单调递减的变化趋势；对于串并联电池组，串联电池组由于电池单体的电流相同，电池的动态阻抗变化趋势相同，对于电池的容量影响较小；并联电池组由于存在着环流，电池单体之间的电流极差较大，影响电池的阻抗特征参数，造成电池组中的电池单体差异较大，动态阻抗谱的差异随着循环次数的增加而逐渐增大，会减小电池的容量利用率，需要在后续的分选成组中把动态阻抗作为一个主要因素进行考虑。对于储能电站典型工况下电池的动态阻抗主要和电池 SOC 运行区间有关，在 20%~80% SOC 区间，电池的动态阻抗变化很小，此时电池的一致性很高，可以作为电池工作的安全区间进行划分，有利于电池组的稳定性，有利于提升电池组的容量利用率。

2.3 锂离子电池系统一致性电管理

电池分选的目的是降低电池组中电池单体之间的不一致性，提高电池组的容量利用率和使用寿命。本书运用多参数分选和动态特性分选相结合的模糊均值聚类算法对电池进行分选和成组。

2.3.1 多参数分选

样品电池选用单体标称容量为 60Ah 的磷酸铁锂电池，其技术参数如表 2-3 所示。

表 2-3 ATL 公司 60Ah 电池基本信息

标称容量	60Ah
质量	1.85kg
尺寸	210mm×29mm×135mm
电池体系	磷酸铁锂
额定电压	3.2V
工作温度	5~35℃
上限截止电压	3.65V
下限截止电压	2.5V
上限保护电压	3.75V
下限保护电压	2.4V
标准充放电电流	0.3C
自放电率	≤3%

在进行多参数分选之前首先需要确定多个参数，即分选变量。电池一致性的特征表征量分析已经在 2.1 节中有所描述，分选变量可以此为依据进行选择。另外，电池的充电过程包括恒流充电和恒压充电两部分，一般先进行恒流充电，再进行恒压充电，恒流充电过程是产生极化的过程，而恒压充电过程则是消除极化的过程，恒压充电过程时间越短，说明恒流充电过程产生的极化越小，电池性能越理想。最终选取电池的静态内阻、开路电压、自放电率、充电容量和放电容量等作为电池的分选变量。

对选取的分选变量进行特征统计以得到其整体分布，结果如表 2-4 所示，得到了分选变量的均值和标准差。通过对 50 块电池单体试验数据的统计分析,得知分选变量均符合正态分布。

表 2-4　分选变量的特征统计结果

分选变量	均值	标准差	目标数
静态内阻/mΩ	0.55	0.112	50
开路电压/V	3.065	0.143	50
自放电率	0.99	0.052	50
充电容量/Ah	62.159	16.003	50
放电容量/Ah	59.938	15.325	50

为了消除分选变量之间的相关性对分选结果的影响,同时减少分选变量,简化计算,可以对电池的分选变量进行因子分析。因子分析是一种统计学方法,其最常用的理论公式如下:

$$Z = AF + U \tag{2-53}$$

式中,Z 为原变量;A 为因子载荷矩阵;F 为共同因子;U 为唯一因子。

统计学中一般将相关系数矩阵、反映像相关矩阵、Bartlett 球度检验以及 KMO (Kaiser-Meyer-Olkin) 检验这四个统计量作为判断因子分析的条件。其中,经常采用的是 Bartlett 球度检验和 KMO 检验。Bartlett 球度检验通过判断相关矩阵来检验电池的分选变量是否适合做因子分析。Bartlett 球度检验的原假设为相关矩阵是单位矩阵,只有拒绝该假设才能进行因子分析,而要拒绝该假设就需要 Bartlett 球度统计量相应的概率值 Sig 小于给定的显著性水平;KMO 检验是通过电池分选变量之间的相关系数来判断分选变量是否适合做因子分析。KMO 值越大,则分选变量间的相关系数越大,它们的共同性越多。通常,KMO 值达到 0.7 以上就可以采用因子分析。

由于 Bartlett 球度检验和 KMO 检验都与分选变量间的相关矩阵有关,所以首先需要得到分选变量之间的相关矩阵。以选取的 50 块电池的分选变量作为输入,经计算得到分选变量的相关矩阵如表 2-5 所示。

表 2-5　分选变量的相关矩阵

	动态内阻	开路电压	自放电率	充电容量	放电容量
静态内阻	1.000	−0.635	0.401	−0.570	−0.618
开路电压	−0.635	1.000	−0.081	−0.636	−0.823
自放电率	0.401	−0.081	1.000	0.115	0.023
充电容量	−0.570	−0.636	0.115	1.000	0.847
放电容量	−0.618	−0.823	0.023	0.847	1.000

由表 2-5 可知，电池的各分选变量之间具有较大的相关性，所以有必要对该相关矩阵进行 Bartlett 球度检验和 KMO 检验，检验的结果显示，Bartlett 球度检验统计量相应的概率值 $Sig = 0.013$，小于给定的显著性水平 0.05，并且 $KMO = 0.896$，大于 0.7，均满足因子分析条件，所以选取的分选变量可以通过因子分析来减少变量。

其次，选择主成分分析法对分选变量进行因子分析，得到如表 2-6 所示的解释的总方差。解释的总方差表示的是经主成分分析法得到的各因子所能解释原分选变量的程度。

表 2-6　解释的总方差

因子	特征值	方差（%）	累积（%）
F1	2.966	49.434	50.434
F2	1.240	22.667	72.101
F3	1.004	18.733	90.834
F4	0.577	6.616	97.450
F5	0.170	1.833	99.283

通常取特征值大于 1 的因子作为代表原变量的新变量。在表 2-6 中，有 3 个因子的特征值超过 1，所以取这 3 个因子作为新分选变量，即主因子 F1、F2、F3。可见，分选变量经因子分析后提取 3 个主因子即可表达其 90.834% 的内容。得到的因子矩阵和因子得分系数矩阵分别如表 2-7 和表 2-8 所示。

表 2-7　因子矩阵

分选变量	因子		
	F1	F2	F3
放电容量	0.970	-0.049	0.094
开路电压	-0.911	-0.177	0.160
充电容量	0.816	-0.012	0.434
静态内阻	-0.065	0.779	-0.526
自放电率	0.039	0.766	0.511

表 2-8　因子得分系数矩阵

分选变量	因子		
	F1	F2	F3
静态内阻	0.030	0.816	0.064
开路电压	−0.320	−0.194	0.012
自放电率	0.012	0.082	0.798
充电容量	0.252	−0.328	0.305
放电容量	0.320	−0.115	0.042

表 2-7 中的因子矩阵是每个原始分选变量在各因子上的因子载荷，比如，放电容量 = 0.970×F1−0.049×F2+0.094×F3。由表中的因子载荷可知，第一个因子主要表达的是放电容量、开路电压、充电容量以及静态内阻这四个分选变量。表 2-8 中每列的数据即是这 3 个主因子被原始分选变量表示的系数。比如：主因子 F1 = 0.030×静态内阻−0.320×开路电压+0.012×自放电率+0.252×充电容量+0.320×放电容量。

综上，最初的分选变量经因子分析后转化为 3 个变量（即 3 个主因子）就可表达原来分选变量的大部分信息，所以可以选取这 3 个主因子作为新的分选变量。

2.3.2　基于模糊均值聚类算法的电池分选研究

2.3.2.1　模糊均值聚类算法

聚类分析是直接比较各事物之间的性质，将性质相近的事物归为一类，性质差别较大的事物归入不同类的技术。模糊均值聚类分析属于多变量统计分析范畴的问题，其根据客观事物间的特征、亲疏程度和相似性，通过建立模糊相似关系，并在此基础上根据一定的隶属度来确定分类关系，也就是运用模糊数学的方法把样本之间的模糊关系加以定量地确定，从而客观且准确地进行分类。聚类分析中样本间距离以及样本与类、类与类之间距离的计算方法至关重要。主要包括以下步骤：

（1）选取样本

如前所述，电池一致性主要由静态内阻、开路电压、自放电率、充电容量、放电容量以及恒流充电时间占总充电时间的比值等特征因子组成，这也是模糊分类的主分量指标，由于这些指标的量纲和数量级差距较大，为了排除不同的量纲和不同的数量级对评价结果的影响，采用标准差进行标准化处理，模型如下：

$$S = \frac{1}{n} \sum_{i=1}^{n} (X_i - \overline{X})^2 \tag{2-54}$$

式中，S 为样本标准差；X_i 为总体 X 的样本，n 为样本个数。

（2）建立模糊相似矩阵

为了定量地进行分类，必须计算样本之间的相似程度，衡量样本间相似程度的数量指标称为聚类统计量，可分为相似度和距离两类，依据聚类分析中构造相似矩阵的原则，采用欧式距离法求得距离矩阵 D 和模糊矩阵 R，模型如下：

$$d_{ij} = \sqrt{\sum_{k=1}^{m}(x_{ik} - x_{jk})^2} \qquad (2\text{-}55)$$

$$r_{ij} = 1 - c\sqrt{\sum_{k=1}^{m}(x_{ik} - x_{jk})^2} \qquad (2\text{-}56)$$

式中，c 为满足 $0 \leqslant r_{ij} \leqslant 1$ 的常数，通常取 $C = D_{\max}$。

（3）构建模糊等价矩阵

若 R 同时满足自反性、对称性和传递性，则 R 成为样本 X 上的模糊等价关系，模糊矩阵的传递性通过传递闭包变换实现，即

$$R \rightarrow R^2 \rightarrow \cdots \rightarrow R^{2^k} \qquad (2\text{-}57)$$

根据传递闭包定理，在有限次运算后，可求得 R 的模糊等价矩阵 TR，$TR = R^{2^k}$。

2.3.2.2 电池的多参数分选

按照模糊聚类的方法分别对电池样本进行主因子分选和总因子分选，并与传统分选进行对比。其中，总因子的加权系数按照因子分析中解释的总方差（见表 2-6）来确定，即总因子 F = 49.434%×F1+22.667%×F2+18.733%×F3。另外，为了方便验证分选效果，在进行分选时，将所有的电池单体进行分类整理。

（1）传统分选法

传统分选法直接按照电池厂家传统的做法将容量、静态内阻和开路电压作为分选变量，即首先根据容量、静态内阻和开路电压进行电池单体的挑选，再按容量组内差、内阻组内差以及电压组内差进行分组，按照这种方法得到的分选结果如表 2-9 所示。此方法操作简单，直接将电池单体的容量、开路电压和静态内阻按照如上标准进行筛选成组即可，但该方法选取的参数较少，不能直接反映电池的内部特征，尤其是电池的动态特征，经此方法分选出的电池在成组后的不一致性会随着使用过程而逐渐凸显出来，从而进一步加剧电池单体之间的不一致性。

表 2-9　传统分选法分选结果

类别	电池编号
第Ⅰ类	1,2,3,5,8,9,12,15,18,20,21,22,23,25,27,29,32,33,34,35,38,39,40,42,43,44,46,48,49
第Ⅱ类	4,6,7,10,11,16,17,24,26,28,31,36,41,45,47
第Ⅲ类	13,14,19,30,37,50

（2）主因子分选法

主因子分选法是将 2.3.1 节中经因子分析后生成的 3 个主因子 F1、F2、F3 作为分选变量，运用聚类方法对电池单体进行聚类，其中，样本间距离的度量方式选用平方欧式距离，聚类方法选用离差平方和法。得到的主因子分选法分选结果如表 2-10 所示。

表 2-10　主因子分选法分选结果

类别	电池编号
第 I 类	1,2,3,5,8,9,18,20,21,22,23,25,30,31,32,33,34,35,40,42,43,44,46,48,49
第 II 类	4,6,7,10,11,15,16,17,19,24,26,27,29,36,38,39,41,45,47
第 III 类	12,13,14,28,37,50

（3）总因子分选法

总因子分选法是将经因子分析后生成的 3 个主因子加权综合为一个总因子，将这一总因子作为分选变量，同样运用系统聚类对其进行聚类，其中，样本间距离的度量方式仍选用平方欧式距离，聚类方法仍选用离差平方和法。得到的总因子分选法分选结果如表 2-11 所示。

表 2-11　总因子分选法分选结果

类别	电池编号
第 I 类	1,8,9,15,16,17,18,25,26,27,29,33,34,35,40,42,43,44,49
第 II 类	2,3,4,5,6,7,10,11,13,14,19,20,21,22,23,24,30,31,32,36,38,39,41,45,46,48,50
第 III 类	12,28,37,47

2.3.2.3　多参数分选方法的评价和对比

由于每块电池分选变量的初始数据是已知的，可以根据这些初始数据对分选出的各类电池进行评价，如表 2-12 所示，用各类电池的平均放电容量和平均自放电率来对此类电池性能进行评价。

表 2-12　3 种电池分选方法的对比

分选方法	分类标号	电池块数	平均容量/Ah	平均自放电率（%）
传统方法	第 I 类	29	59.89	0.89
	第 II 类	15	57.32	1.41
	第 III 类	6	58.67	1.67

（续）

分选方法	分类标号	电池块数	平均容量/Ah	平均自放电率（%）
主因子法	第Ⅰ类	25	59.95	0.86
	第Ⅱ类	19	58.45	1.35
	第Ⅲ类	6	60.02	1.40
总因子法	第Ⅰ类	19	60.04	0.68
	第Ⅱ类	27	58.28	0.89
	第Ⅲ类	4	56.36	1.04

由表 2-12 可知，由于传统分选法仅将静态内阻、开路电压和容量作为分选变量，并没有考虑自放电率、动态内阻等因素的影响，所以每一类电池的平均自放电率较高，并且电池的分布并不均匀；主因子分选法虽然考虑的因素较多，但是它并没有按照每个主因子对原分选变量的解释程度进行加权，分选出的每类电池的平均自放电率均居中，而总因子分选法考虑的因素较全面，并且按照每个主因子对原分选变量的解释程度进行了加权，所以由其分选出的每类电池的平均容量较高，但平均自放电率较低，并且类与类之间差别较大，第Ⅰ、Ⅱ类电池性能明显优于第Ⅲ类，其分选效果最好。

2.3.3 动态特性分选

2.3.3.1 动态特性分选简介

多参数分选法是静态分选，虽然能反映出动力电池的某些特性，但主要是外部特征，无法反映出充放电过程中电池特性的变化趋势；动态特性分选法以电池的动态内阻曲线作为电池分选的依据，考虑了电池在充放电过程中其内部结构的不同，结合多参数分选法，能够挑选出一致性较好的电池，从而提高电池组的性能。

由 2.3.2.3 节可知，总因子分选法的分选效果在 3 种多参数分选方法中最好，但是由于分选出的第Ⅲ类电池数目较少，所以在成组的时候还要在第Ⅰ类和第Ⅱ类电池的基础上再进行动态特性分选。

在电池动态内阻曲线上选取 p 个采样点，那么电池的动态内阻曲线可以转化为一个一维特征向量。对于一组待分类的 n 块电池，可以将电池的动态内阻曲线转化为一个 $n \times p$ 维的原始数据矩阵。

$$X = \begin{bmatrix} X_1 \\ \vdots \\ X_n \end{bmatrix} = \begin{bmatrix} X_{11} & \cdots & X_{1p} \\ \vdots & \vdots & \vdots \\ X_{n1} & \cdots & X_{np} \end{bmatrix} \tag{2-58}$$

其中，X_{ij} 是第 i 块电池动态内阻曲线上的第 j 个数据点的拟合值。在上述原始矩阵中，每一行代表一块电池的特性曲线，任意两块电池间的相似性可以通过

矩阵 X 的第 K 行和第 L 行的欧氏距离来描述，即

$$\mathrm{d}(L,K) = \sqrt{(X_{K1}-X_{L1})^2 + (X_{K2}-X_{L2})^2 + \cdots + (X_{Kp}-X_{Lp})^2} \tag{2-59}$$

$\mathrm{d}(L,K)$ 越小，说明两块电池曲线之间的距离越小，两块电池的性能越接近，一致性越好。为了使代表每块电池的特征向量长度相同，便于计算电池单体之间的距离，需要在每块电池的动态内阻测试时，选取同样的频率段，这样所测试的时间相同，测得的每块电池的内阻曲线长度也相同，从而使得代表每块电池的特征向量长度都是相同的，这样就可以计算它们之间的距离，从而对其进行动态特性分选。

2.3.3.2　动态特性分选中的模糊均值聚类算法

对电池的动态特性分选需要确定聚类方法，本节根据电池的充放电曲线采用模糊 C 均值（Fuzzy C-Means，FCM）聚类算法来对电池进行分选。

FCM 是 Jim Bezdek 博士在 1973 年提出的一种基于目标函数的聚类算法，下面就本书的研究对象电池来对它的隶属度函数、相似性函数以及目标函数进行简单的介绍。

（1）隶属度函数

隶属度函数用于表示一块电池属于某一类电池的程度，用 $\mu_A(x)$ 表示，如果它的值等于 1，则说明这块电池完全属于某一类电池。加上归一化规定，一个数据集的隶属度的和总等于 1，即如果有 n 个样本，c 个聚类中心，则

$$\sum_{i=1}^{c} u_{ij} = 1, j = 1,2,\cdots,n \tag{2-60}$$

式中，u_{ij} 为模糊组 i 的聚类中心，为第 j 个样本属于第 i 个聚类中心的程度。

（2）相似性函数

选取平方欧氏距离作为两个电池样本之间的相似性函数，此距离越小，说明两个样本越相似。该距离的表达式为

$$d = \sum_{i} (x_i - x_{i+1})^2 \tag{2-61}$$

（3）目标函数

性能相似的电池还需要选择特定的目标函数才能聚为一类，目标函数的选取会影响聚类质量。因此，当聚类质量不能满足要求时就必须重新选取目标函数。FCM 的目标函数定义为：

$$J(U, c_1, c_2, \cdots, c_c) = \sum_{i=1}^{c} J_j = \sum_{i=1}^{c} \sum_{j}^{n} u_{ij}^m d_{ij}^2 \tag{2-62}$$

式中，m 是一个加权指数，又称为模糊因子，m 越大，聚类结果越模糊。通常 $m=2$；d_{ij} 为第 j 个样本与第 i 个聚类中心之间的距离。

构造如下目标函数，可求得使式（2-62）达到最小值的必要条件。

$$\overline{J}(U,c_1,\cdots,c_c,\lambda_1,\cdots,\lambda_n) = J(U,c_1,\cdots,c_c) + \sum_{j=1}^{n}\lambda_j\left(\sum_{i=1}^{c}u_{ij}-1\right) = \sum_{i=1}^{c}\sum_{j}^{n}u_{ij}^{m}d_{ij}^{2} +$$

$$\sum_{j=1}^{n}\lambda_j\left(\sum_{i=1}^{c}u_{ij}-1\right)$$

式中，$\lambda_j(j=1,2,\cdots,n)$ 是 n 个拉格朗日乘子，对所有输入参量求导，得到使得目标函数的值达到最小的条件是

$$c_i = \frac{\sum\limits_{j=1}^{n}u_{ij}^{m}x_j}{\sum\limits_{j=1}^{n}u_{ij}^{m}} \qquad (2\text{-}63)$$

$$u_{ij} = \frac{1}{\sum\limits_{k=1}^{c}\left(\dfrac{d_{ij}}{d_{kj}}\right)^{\frac{2}{(m-1)}}} \qquad (2\text{-}64)$$

这两个必要条件使得 FCM 成为了一个迭代过程。此过程具体如下：首先，需要初始化 U，并且使其满足求和为 1；其次，用式（2-63）计算 c 个 c_i；最后，根据式（2-62）计算目标函数，如果满足条件，则算法停止，如果不满足条件，则用式（2-64）计算新的 U，再从头开始计算。

根据 FCM 聚类算法的介绍，在总因子分选法的基础上将 n 块电池样本聚成 c 类，其算法流程如图 2-76 所示。

以总因子法分好的电池为例，对于第 I 类电池（19 块），如果以最终挑选出 4 块为一组进行成组，则可以有两种分选法。如果聚为 4 类时，运用 FCM 算法对目标函数进行迭代，最后可得到 4 类聚类结果。如果聚为 5 类时，同样可以得到 5 类聚类结果，如表 2-13 所示。

表 2-13 19 块电池的聚类结果

聚类数	类别	聚类结果
4	第 I 类	1，15，16，18，26，27
	第 II 类	8，9，34，35，40，49
	第 III 类	17，29，44
	第 IV 类	25，33，42，43
5	第 I 类	1，18，26，27
	第 II 类	8，34，35，40
	第 III 类	9，15，16，49
	第 IV 类	17，29，44
	第 V 类	25，33，42，43

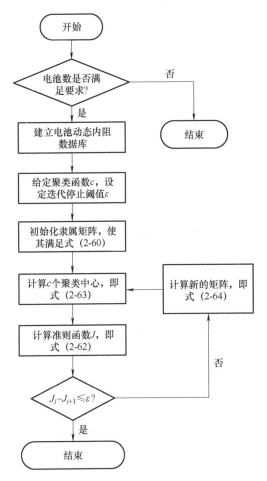

图 2-76 模糊 C 均值（FCM）聚类算法流程图

从表中可以看到，无论是聚为 4 类还是 5 类，25，33，42，43 这 4 块电池始终聚为一类，所以可以认为这 4 块电池一致性较好，可以组成一组。当聚为 4 类时，第 I、II 类的电池数较多，为了挑选出一致性较好的 4 块电池，仍然需要继续运用 FCM 算法，直到挑选出 4 块一致性较好的电池。对于剩下的电池，依然采取 FCM 算法，改变聚类数重新挑选，直到选出符合要求的电池，进行成组。

为了验证动态特性分选结果的有效性，按照这种方法对利用总因子分选法分选出的电池进行再次分选，可以得到 11 组电池，每组 4 块电池。如果这 11 组电池分别串联成组进行充放电试验，每组电池的放电电压极差为 0.0556V，而根据相应的国家标准，储能锂离子电池的分选条件通常为电池的电压极差≤0.1V。可见，这种 FCM 聚类算法的分选成组方法是有效的。如果把每组 4 块电池进行并联，进行循环试验，连续循环 1000 次以后，每块电池的容量衰减基本相同，电池间没有出现较大的差异，有效提高了电池组的容量利用率。

2.3.4　小结

本节根据电池试验特性提取了电池分选成组的 5 个变量，经因子分析将其简化成了 3 个主因子，3 个主因子又可以简化为一个总因子，分别按照传统分选、主因子分选以及总因子分选这 3 种方法对电池依次进行了分选，通过对比得出了 3 种方法中总因子分选方法效果最好。然后介绍了模糊 C 均值聚类算法，并运用该算法对由总因子分选出的电池进行了动态特性分选，验证了该方法在储能用锂离子电池分选成组过程中的有效性，并据此基于模糊均值算法的总因子分选成组原则。

2.4　锂离子电池管理系统设计

储能电站中，电池单体数量高达几万块，需要通过串并联成组来满足储能系统的电压等级和容量需求，而电池不一致性的存在，将不可避免导致充放电不均衡现象，长期运行将大大降低电池储能系统的可靠性和安全性，为了减少电池的不一致性，电池均衡成为重要的手段。目前，针对这一问题的研究主要集中在储能系统的储能变流器（PCS）拓扑及其充放电均衡控制策略等方面，并未对大容量锂离子电池储能系统内部电池组的均衡控制策略进行深入研究。

2.4.1　电池均衡定义及分类

在众多串并联的电池包中，如果某个串联电池的容量与其他电池不匹配将会降低整个电池包的容量。电池容量的不匹配包括荷电状态（SOC）失配和容量/能量（C/E）失配。在两种情况下，电池包的总容量都只能达到最弱电池的容量。在大多数情况下，引起电池失配的原因是工艺控制和检测手段的不完善，而不是锂离子本身的化学属性变化。因此，需要对失配的电池进行均衡。采用电池均衡处理技术可解决 SOC 和 C/E 失配问题，从而改进串联锂离子电池包的性能。通过在初始调节过程中对电池进行均衡处理可以矫正电池失配问题，此后只需在充电过程中进行均衡即可，而 C/E 失配则必须在充、放电过程都进行均衡。

电池均衡的意义就是利用电力电子技术，使锂离子电池单体电压或电池组电压偏差保持在预期的范围内，从而保证每个电池单体在正常使用时保持相同状态，以避免过充、过放的发生。

电池均衡一般分为主动均衡、被动均衡两种。被动均衡也称为充电均衡，在充电过程中后期，电池单体电压达到或超过设置的均衡电压时，均衡电路开始工作，减小该电池的充电电流，以降低电池单体电压上升幅度或不超过充电截止电压。主动均衡又称为动态均衡，不论在充电态、放电态，还是搁置状态，都可以通过能量转换的方法实现组中电池单体电压的平衡，实时保持相近的荷电程度。

被动均衡采用了能量均衡原理，对各种锂离子电池组中的电池单体进行平衡充电和过电压保护，均衡充电保护模块并联在电池组中的每块电池单体上，充电时当电池组中任意一块电池电压达到设置的恒定电压时，充电回路自动减小对该块电池的充电电流，而对其他电池仍按正常电流继续充电，从而实现电池组中各块电池的能量达到均衡，并保证电池组中每块电池单体电压不超过设置的限制电压。当电动汽车电池充满时，均充保护模块可发出请求信号，请求充电器关断充电回路。在长期使用过程中它能保证各电池单体之间的差异处于最佳状态，并延长电池使用寿命。放电时，当电池组中任何一块电池电压低于下限时，模块可自行关断放电回路。由于电子器件的功率、散热条件等限制，被动均衡电流一般不会太大，目前应用的各种电池管理系统，被动均衡的均衡电流通常小于 1A。所以，被动均衡并不能完全解决电池组的过充电问题，除非最后的充电电流不超过均衡电流，才能完全解决过充电问题。充电末期应尽量采用小电流充电，维护期间的末期充电电流不能超过均衡电流，可以达到有效的均衡。被动均衡电路必须与充电过程一起完成均衡充电任务，不充电时均衡电路不发挥作用。被动均衡过分依赖充电模式，在使用电池过程中若长时间不充电，电池单体之间得不到均衡，荷电量差异就会越来越大，给下一次充电均衡造成很大负担，甚至数次充电仍达不到平衡效果。

主动均衡指在充电、放电、搁置等条件下，只要均衡开启以及电池之间存在差异，就进行均衡。电池之间的差异一般以电压差异来表示，当电压差别达到设定值时，即开始均衡。电池系统主动均衡即电池对电感或电容等储能元件的充放电，通过开关器件实现储能元件在不均衡电池间的切换，达到电池间的能量转移。该方案结构复杂、成本高，对系统的安全性和可靠性的要求也更高，但其充分利用电池能量，效率高，成为目前电源系统均衡研究的重点内容。根据储能元件的不同，主动均衡一般可分为电容主动均衡和电感（变压器）主动均衡方案。电容主动均衡通常采用总线方式，通过控制将电压较高的电池单体与电容并联为电容充电，然后电容并联到电压较低的电池上为电池充电。电容主动均衡一般需借助大电流多路选通开关，硬件上比较难实现，且均衡电流不可控，当电池不一致性比较严重时，瞬时充放电电流会很大，系统可靠性不高，因此目前主动均衡的主要实现方式大多集中在电感（变压器）主动均衡方案。

2.4.2　常见的均衡电路分析

（1）buck-boost 变换器型均衡电路

buck-boost 变换器型均衡属于多电感式主动均衡的一种，结构图如图 2-77 所示，每相邻两块电池单体之间放置一个电感，在单个均衡周期内，通过控制开关的通断时间，以储能电感作为媒介实现能量在相邻两块电池单体之间的转移，该均衡方案扩展性好，均衡电流大，但能量只能在相邻两块电池之间转移，故当需要均衡的电池单体相隔较远时需要经过多次中间传输，一方面降低了均衡效率，另一方面也使得传输过程能量损失增加。

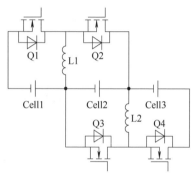

图 2-77　**buck-boost 变换器型均衡电路**

（2）反激式变换器型均衡电路

如图 2-78 所示为反激式（Flyback）变换器型均衡电路，变换器一次绕组接在整个电池包的两端，与电池单体同等数量的二次绕组跨接到每个电池单体两端。当一次开关导通，整个电池包的电量将转换为磁能存储在反激式变换器中，此后当一次断开，原本存储在变换器中的磁能将转化为电能转移到二次绕组，进而给二次侧电池单体充电，由于反激式变换器的性能特点，二次侧多个输出能实现自动均衡，因此无需电压闭环就能够实现电池单体间能量平衡。该技术能够实现较快的电压均衡，而且能量损耗相对较少，但该电路也存在着明显的缺陷，即当电池单体数量增加时，变压器绕组数量也会增加，变压器尺寸增大，变压器二次绕组间参数的一致性不好控制，严重影响系统均衡效果。因此一般适用于单体数量少的电池组均衡。

（3）单磁心变压器式均衡电路

单磁心变压器式均衡电路如图 2-79 所示。该均衡电路通过使用一个 101 数比为 $1:1:\cdots:1$ 对称多绕组变压器实现均衡，当需要均衡时，MOS 管 M1，M2，$\cdots$，Mn 打开，能量高的电池单体的能量转移到变压器绕组，进而再转移到电池能量低的电池单体上，实现电池单体之间能量的直接转移。最终实现所有电池

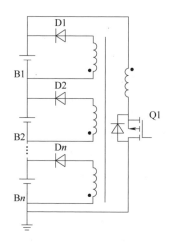

图 2-78　反激式（Flyback）变换器型均衡电路

的能量趋于一致。该均衡电路最主要的优点是均衡精确、效率高、控制简单、易于执行。但是也存在着缺点，即绕组数由电池数决定，无法实现由众多电池单体（上百块）串联成组时能量的均衡，另外，此结构的成本也会随电池数量增多而上升，因此不适合直接用于电池单体之间的转移均衡。

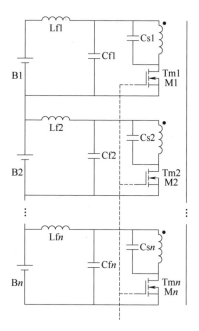

图 2-79　单磁心变压器式均衡电路

2.4.3　电池均衡方案

从上述 3 种常见的均衡电路来看，目前实际应用的在线均衡策略往往采取从简的处理方式，仅以外电压作为控制对象，而电池外电压受电池直流内阻、极化电压、可用容量和 SOC 等多个因素的影响，无法建立外电压与电池内部状态之间的关系，所以采用该方法进行均衡判断时会出现不稳定的情况，同时均衡前后可用容量增加的效果并不明显。虽然均衡技术研究在电路拓扑上呈现百花齐放的特点，但是在均衡控制策略上没有比较深入的研究，基本采取从简处理，而且还没有有效的方案能够实际应用并完成均衡目标，所以均衡技术的研究在结合实际应用方面还有待进一步提高和发展，尤其是均衡控制策略的深入研究。

在分析了上述 3 种常见均衡电路优缺点的基础上加以改进，本书采用充电末端均衡的原则，基于电池电压的判断，提出了一种基于双向 DC/DC 的电池双向均衡方案，通过单片机控制双向 DC/DC 电路、双向极性切换电路以及双向开关矩阵实现了对电池模组内各电池单体的分时充/放电均衡，均衡电流可达 2A（不仅限于 2A），并实现了均衡能量的回馈利用。此外，在均衡通道中采用双向极性切换开关大大减少了双向开关矩阵中模拟开关的数量，简化了电路设计并降低了物料成本。该均衡方案不但可根据电池组之间的电压差来判定，还可根据电池组之间的 SOC 来判定。

该电路充/放电均衡的工作原理和实现方法为：BMU（电池管理单元）通过单片机控制双向 DC/DC 模块、双向极性切换开关、双向开关矩阵等功能模块，通过各 BMU 之间的 12V 电源总线实现了对电池模组内各电池单体的分时充/放电均衡，均衡电流可达 2A（不仅限于 2A）。在均衡通道中采用双向极性切换开关大大减少了双向开关矩阵中双向模拟开关的数量，简化了电路设计并大大降低了物料成本。该方案可应用于新能源汽车和电网储能系统等需要对电池模组内多个电池单体进行充/放电均衡的系统中。

图 2-80 所示为所提出的基于双向 DC/DC 的电池均衡方案的总原理框图。该原理框图包含了整个 BMU（电池管理单元）的所有功能模块单元，其中均衡部分相关的功能单元包括单片机、双向 DC/DC 模块、双向极性切换开关、双向开关阵列、驱动/互锁模块等。通过单片机控制各功能模块的状态实现了对电池模组内各电池单体的双向均衡，充/放电均衡的工作模式如下所述：

1）当需要对 12 串（不仅限于 12 串）电池模组中某一电池单体（以第 8 块电池为例）实施充电均衡时，如图 2-80 所示，单片机首先控制双向极性切换开关的输出端处于上正（+）下负（-）的工作模式，然后通过驱动/互锁模块选通 S5 和 S6 对应的双向模拟开关（其他双向模拟开关处于断开状态），此时已经把对应第 8 块电池的充电均衡通道打开，然后单片机使能双向 DC/DC 模块并选择为充电工作模式，此时，BMU 通过已打开的双向均衡通道从 12V 电源总线输入能量到第 8 块电池上，实现恒流充电均衡。在充电均衡过程中通过单片机脉冲控制双向 DC/DC 模块的使能信号，实现充电均衡和电池电压采样的分时进行。

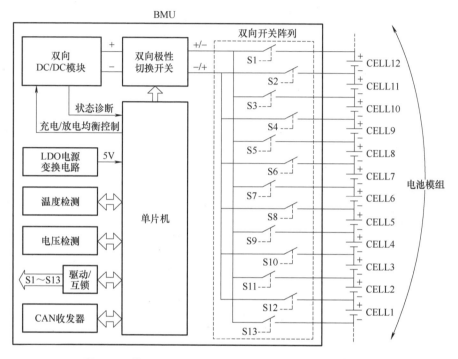

图 2-80　基于双向 DC/DC 的电池均衡方案的总原理框图

2）当需要对 12 串（不仅限于 12 串）电池模组中某一电池单体（以第 8 块电池为例）实施放电均衡时，如图 2-80 所示，单片机首先控制双向极性切换开关的输出端处于上负（−）下正（+）的工作模式，然后通过驱动/互锁模块选通 S5 和 S6 对应的双向模拟开关（其他双向模拟开关处于断开状态），此时已经把对应第 8 块电池的充电均衡通道打开，然后单片机使能双向 DC/DC 模块并选择为放电工作模式，此时，BMU 通过双向均衡通道把第 8 块电池单体的放电能量输出到 12V 电源总线上，实现恒流放电均衡。在放电均衡过程中通过单片机脉冲控制双向 DC/DC 模块的使能信号，实现放电均衡和电池电压采样的分时进行。

3）充电均衡所需的能量和放电均衡释放的能量均通过 12V 电源总线传递。12V 电源总线是整个电池组内多个 BMU 之间的公共电源母线，可实现均衡能量在各个 BMU 之间均衡能量的回馈和相互传递。

该均衡电路的功能特点主要有：

1) 共用一套双向均衡电路实现对电池模组内各电池单体的充/放电均衡，均衡电流不小于 2A，双向 DC/DC 模块的转换效率不低于 80%。

2) 双向开关矩阵需采用半导体模拟开关来实现，且模拟开关数量应不多于 15 只（对 12 路电池单体而言）。

3) 需要一套基于硬件的驱动/互锁电路来解决双向模拟开关的驱动，并确保在同一时间只对单个电池实施均衡。

4) 需要快速有效地实现电池单体充/放电均衡和电压采样的分时控制。

5) 实现了对 12 路电池单体（不仅限于 12 路）的充/放电均衡共用同一套双向 DC/DC 模块、双向极性切换开关、双向开关阵列。

6) 通过在均衡电路中使用双向极性切换开关，大量减少了均衡通道中模拟开关的数量。

7) 均衡通道中双向模拟开关的驱动/互锁控制。

8) 电池单体充/放电均衡和电压采样分时控制。

其应用效果为：

1) 采用同一套均衡电路实现了电池模组内各电池单体的双向均衡，大大降低了物料成本，同时也解决了由于均衡时功率损耗导致的发热问题。

2) 均衡通道中双向极性切换开关的使用使得双向模拟开关的数量减少近一半，大大降低了物料成本和减少整个 BMU 的印制板面积。

3) 采用基于硬件的驱动/互锁电路，可防止同时选通多个均衡通道，提高了均衡电路的可靠性和安全性。

4) 通过单片机分时控制均衡电路和电压采样电路，实现了各电池单体的均衡和电压采样共用同一根外接导线，采样和均衡互不影响，大大降低了连线工艺的复杂度。

2.4.4 均衡控制变量和均衡控制策略

2.4.4.1 均衡控制变量的选取

均衡控制变量作为均衡控制的主要参数，是控制均衡开闭的主要依据。如何选择合适的均衡控制变量并获得精确的参数是制定均衡策略、改善电池组电量不一致问题的关键。

由历史经验来看，一般选取电池电压作为均衡判据是当前最主流的方案，因为电压是电池可测量物理参数中最易获得的。但是，针对锂离子电池本身的特性来说，电池电压并不能真实地反映电池间电量的差异。对于锂离子电池，电池荷电状态由 0% 上升到 100%，而电压仅上升 1.1V 左右，平均 1%SOC 值的变化仅对应 100mV 左右的电压值。由于电压测量精度和因干扰产生的波动，采用电压值作为均衡判据并不能较好地实现均衡控制。本书通过对电压均衡判据的分析，选取 SOC 值作为本方案的均衡判据，SOC 值能更真实地反映电量的差异，具有更高的评估精度。

以 SOC 作为均衡判据的主要参数包括：SOC 的平均值 $\overline{SOC}$、电池组分散度（标准差）ε，以及电池单体之间差异，如电池 i 与电池 j 之间的 SOC 偏差 ΔSOC_{ij}，以 n 块电池为一组，以上参数定义如下：

$$\overline{SOC} = \frac{1}{n} \times \sum_{i=1}^{n} SOC_i \tag{2-65}$$

$$\varepsilon = \sqrt{\frac{\sum_{i=1}^{n} \left(SOC_i - \overline{SOC} \right)^2}{n-1}} \tag{2-66}$$

$$\Delta SOC_{ij} = \left| SOC_i - SOC_j \right| \tag{2-67}$$

同时设定两个阈值作为判断均衡开闭的主要条件，即：电池组分散度阈值 γ 和 SOC 偏差 ΔSOC_{ij} 阈值 θ。分别满足 $\varepsilon_{soc} \leqslant \gamma$，$\left| \Delta SOC_{ij} \right| \leqslant \theta$。

均衡控制变量取决于 SOC 的估算精度的高低，如果 SOC 的估算误差不大于 5%，可以满足均衡控制的要求。

2.4.4.2　均衡控制策略

均衡控制策略是均衡控制方案的重要组成部分，系统通过采集到的电池组信息数据计算所需参数，利用控制策略获取最优均衡阈值和路径，实现均衡控制。本书的均衡过程是一块电池放电再对另外一块电池充电的过程。相对铅酸蓄电池，锂离子电池输出能力比较强，但是其充电电流一般相对较小。研究表明，当电池单体充电电流大于一定值时，特别是其工作于充电状态时，会导致充入电能的效率降低，从而影响均衡效率。同时，当处于均衡过程中的放电阶段时，由电路可知，MOSFET 导通后电池与电感串联构成回路，若出现电感磁饱和现象会导致电池短路的恶劣影响，因此必须确保在 MOSFET 关断阶段，电感中存储的电能完全释放。

对锂离子电池进行充电时，当充电电流大于一定值时，若采用脉冲充电法进行充电，加入静置间歇，可以有效提高电池充入电能的效率。因此，本书在制定均衡控制策略时，将系统的均衡模块进行分组，如图 2-81 所示，进而采用均衡模块分组的控制策略，其控制时序如图 2-82 所示。由图 2-81 可知，系统将所有均衡子模块分成两组，左侧均衡子模块 2，4，6……为偶数模块组，右侧均衡子模块 1，3，5……为奇数模块组。控制策略令偶数模块组中的所有均衡模块同时工作，即同时比较电池单体 B2 和 B3，B4 和 B5，B6 和 B7 的 SOC 值并开启 SOC 差值达到阈值的对应 MOSFET。由图 2-82 可知，这两组均衡模块相互交替工作，在偶数模块组工作间歇时，令奇数模块组工作，即同时比较电池单体 B1 和 B2，B3 和 B4，B5 和 B6 的 SOC 值并开启达到阈值的对应 MOSFET。这样对于一个单独的均衡子模块来说，就是加入了与工作时间等长的间歇时间，这样就可以提高对应电池充入电能的效率，从而提高均衡效率；同时也充分避免了电感发生磁饱和，确保均衡过程中电池组的安全稳定运行。

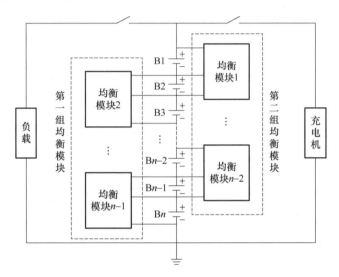

图 2-81　均衡控制电路模块分组结构图

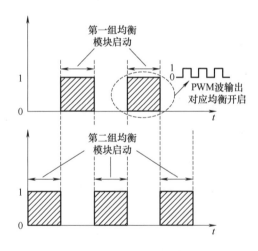

图 2-82　均衡控制时序图

2.4.5　储能电池均衡控制策略测试

根据前文所述的均衡方案和均衡策略，本书自行设计了均衡控制板卡，如图 2-83a 所示，配合电池管理系统的主板卡来实现电池的均衡控制功能。样品电池仍然选用磷酸铁锂电池，电池单体额定容量为 60Ah，标称电压为 3.2V，电池内阻为 55mΩ（10kHz）。实验采用三块锂离子电池先进行并联然后再串联组成储能电池系统，并联的单个电池组额定容量为 180Ah，具体的测试图如图 2-83b 所示。为了验证均衡效果，可对电池系统进行均衡前和均衡后的对比实验。实验过程是先对电池组进行容量标定，然后对电池系统在恒温 20℃下以 0.2C 进行充放电，共进行 5 个充放电循环，实验过程中检测电池的 SOC，再对电池组进行标定，同样进行 5 个 0.2C 的充放电循环实验，实验过程中，加入均衡控制策略，实验完毕后，记录电池的 SOC，并标定电池的容量。具体的实验过程简图如图 2-84 所示。

a) 均衡板卡

b) 均衡测试图

图 2-83　均衡控制测试图

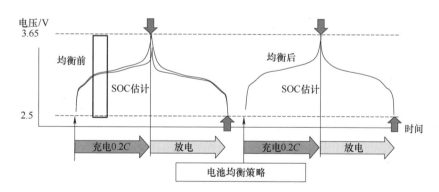

图 2-84　均衡测试过程简图

在充电开始前，电池组标定容量为 182.10Ah，以 0.2C（36A）进行 5 次充放电循环后的容量为 174.10Ah，此时电池组中的电池 SOC 极差，为 1.5%；加入均衡控制，再以 0.2C 进行 5 次循环充放电测试，再次标定电池组容量为 181.02Ah，此时电池组中的电池 SOC 极差，为 0.4%，电池的 SOC 基本一致。均衡后电池容量获得有效提升，提升了将近 4%。

实验结果证明，本书所提出的均衡控制系统可以改善电池组电量的不一致性，均衡效果良好，可有效提升电池组的容量利用率。

2.4.6 小结

本章主要从储能电池的应用环境和结构出发，阐述了电池均衡控制系统的必要性，介绍了目前电池均衡的分类方法和常见的均衡电路，并对常见均衡电路进行了分析，阐述了其优缺点。然后阐述了本书设计的电池均衡方案，采用充电末端均衡的原则，基于电池电压的判断，提出了电池均衡变量选取原则和均衡策略，开发了一种基于双向 DC/DC 的电池双向均衡电路，并对该均衡电路进行了实际验证，验证结果表明了该均衡电路的有效性，对于减少电池运行过程中的不一致性具有很好的效果。

第3章

锂离子电池系统的热管理

3

3.1 锂离子电池储能系统热管理现状

　　热管理系统是锂离子电池储能技术最为关键的一环，直接关系到储能系统的安全与寿命。由于电池阻抗的存在，在电池充放电过程中，电流通过电池导致电池内部产生热量，除此之外，电池内部的电化学反应也会产成一定的热量。研究表明，储能系统中电池自身温度上升，电池间温差过大，系统内热量累积都直接关系到储能系统的使用寿命及安全性。储能系统热管理通过传热介质对电池产生的热量进行疏导，实现电池温度控制。

　　传热介质对热管理系统的性能和成本有重大影响。按照传热介质分类，热管理系统可分为空气冷却、液体冷却及相变材料冷却3种方式。

　　冷却方法可以根据热流密度和温升要求，按图3-1所示关系进行选择。

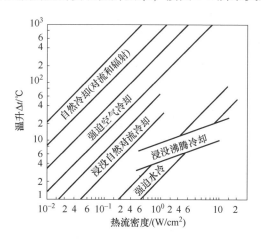

图 3-1　冷却方法与热流密度、温升关系

常用的冷却方法能够达到的对流换热系数及表面热流密度值见表 3-1。

表 3-1　冷却方法与对流换热系数及表面热流密度值

冷却方法	换热系数 /[W/(m² · K)]	表面热流密度值/(W/cm²)（当换热表面和介质的温差为 40℃）
空气自然对流	2.8~5.7	0.024~0.064
水自然对流	230~580	0.9~2.3
空气强制对流（风冷）	25~150	0.1~0.6
油强制对流（油冷）	60~5000	0.24~20
水强制对流（水冷）	3500~11000	14~44
水沸腾（蒸发冷却）	最大 54000	最大 1351[①]
水蒸气膜状凝结	11000~26000	2.6~11[①]
有机液蒸气膜状凝结	1800~3800	0.38~1.8[②]

① 当换热表面和介质的温差为 25℃时。
② 当换热表面和介质的温差为 1~10℃时。

1. 空气冷却

空气冷却是最简单的冷却方式。采用空气作为传热介质直接把空气导入，穿过电池表面达到散热的目的。空气冷却分为自然风冷和强制风冷两种形式。

自然风冷是利用自然热传导、自然热对流、自然热辐射来达到冷却的目的。

强制风冷是利用风机进行鼓风或抽风，提高空气流动的速度，来达到散热的目的，其散热形式主要是对流散热，如图 3-2 所示。

图 3-2　强制风冷示意图

采用气体作为传热介质，其主要优点有结构简单，质量轻，有害气体产生时能有效通风，成本较低；其缺点有换热系数低，冷却速度慢，效率低。

目前空气冷却方式应用广泛，图 3-3 和图 3-4 是典型的成功应用风冷设计的电池箱结构。

2. 液体冷却

液体冷却是利用热导率相对较高的流体间接或直接接触的冷却方法，液冷分为直接冷却和间接冷却两种。

直接冷却所用的是电绝缘且热导率高的液体（如硅基油、矿物油）直接接触散热体。它能够很好地解决温度均匀化的问题，但是由于绝缘液体一般黏度较大，流速不会很高，从而限制了其换热效果。系统的热交换效率很大程度上取决于液体的热导率、黏度、密度、速度以及液体流过发热体的方式。图 3-5 为液体直接冷却示意图。

图 3-3　丰田普锐斯Ⅲ电池模块

图 3-4　LG 化学风冷电池箱

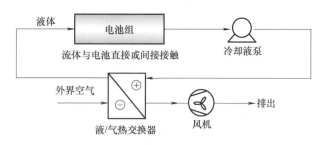

图 3-5　液体直接冷却示意图

间接冷却是利用液体在管道内流动，通过翅片等与发热体直接接触，将热量通过翅片传递，通过液体流动换热带走，从而达到冷却的目的。由于没有绝缘要求，且没有流速限制，所以可以选用热导率高但是电绝缘性不好的液体，换热效果好，但温度均匀性比直接接触冷却差一些。为了防止液体泄漏造成短路，这种方法对管道的密封性要求比较高。图 3-6 所示就是一种液体间接冷却方式。

图 3-6 液体间接冷却模块

采用液体作为传热介质，其主要优点有换热系数高，冷却速度快，温度分布均匀；其缺点有密封性要求高，重量相对较大，维修和保养复杂，需要管路、换热器、泵等部件，结构相对复杂，成本高。

3. 相变材料冷却

相变材料冷却如图 3-7 所示。相变材料（如石蜡）的传热蓄热能力强，在达到相变温度时可以大量吸收或放出热量而不升温降温。通过选用合适的相变材料能够使发热体有效地达到热平衡，很好地控制温度上下限，避免产生温度过高或过低的现象。

图 3-7 相变材料冷却

采用相变材料，其主要优点有换热系数高，冷却速度快，效率高，还能一定程度上控制温度上下限；其缺点有研发制造成本高。

综上所述，空气冷却系统的热导率要远低于液冷系统；由于空气的低比热，很难使电池或电池模块内部的温度均匀；空气与电池表面的温差对风道高度的变化反应灵敏，通过降低风道高度、提高风速来提高导热系数，效果是有限的。相比于液冷系统，风冷系统更加简单，并且风冷系统质量更轻，不会泄漏，所需元器件更少，成本更低。对于水冷系统的研究发现：水/乙二醇溶液间接冷却系统的黏度要低于直接冷却系统中矿物油的黏度；在水/乙二醇溶液系统中提高冷却液流量并不需要像矿物油系统中要严格限制泵的功率；由于冷却液的高比热容，电池与模块温度较均匀；水/乙二醇溶液的热导率要高于矿物油，但附加夹套与空气间隙使得电池表面的有效热传导系数大幅度降低；由于附加热阻的增加，间接液冷流道高度的变化对于电池表面温度的影响并不明显。液冷系统具有更有效的传热，体积更小；液冷电池模块的维护与修理要更加复杂与昂贵，使用夹套的间接液冷系统相对于直接液冷设备要易于处置。

3.2　锂离子电池储能系统热设计方法

3.2.1　锂离子电池热仿真方法

1. CFD（Computational Fluid Dynamics，计算流体力学）**方法介绍**

锂离子电池热仿真方法基于 CFD 方法。CFD 方法是通过计算机技术值计算和图像显示，对包含有流体流动和热传导等相关物理现象的系统所做的分析。CFD 方法的基本思想可以归结为：把原来在时间域及空间域上连续的物理量的场，如速度场和压力场，用一系列有限个离散点上的变量值的集合来代替，通过一定的原则和方式建立起关于这些离散点上场变量之间关系的代数方程组，然后求解代数方程组获得场变量近似值。

CFD 方法与传统的理论分析方法、实验测量方法共同组成了研究流体流动问题的完整体系。理论分析方法的优点在于所得结果具有普遍性，各种影响因素清晰可见，是指导实验研究和验证新的数值计算方法的理论基础。但它要求对计算对象进行抽象和简化才能得出理论解。实验测量方法所得到的实验结果真实可靠，它是理论分析和数值计算的基础。但实验往往受各方面因素的影响，对实验精度有影响，另外实验的投入大、周期长等问题也给人们带来困扰。而 CFD 方法恰好克服了前面两种方法的弱点，在计算机上实现一个特定的计算，就好像在计算机上做了一次物理实验。例如，记忆的绕流，通过计算并将其结构在屏幕上显示，就可以看到流畅的各个细节，如激波运动、强度、涡流的生成与传播，流动的分离、表面的压力分布、受力大小及随时间的变化等，其效果与做实验没有什么区别。

但是 CFD 方法也存在一定的局限性。首先，数值解法是一种离散近似解法，依赖于物理上合理、数学上适用、适于计算机上进行计算的离散的有限数学模型，且最终结果不能提供任何形式的解析表达式，只是有限个离散点上的数值解，并有一定的计算误差；第二，它不像物理模型试验一开始就能给出流动现象并定性地描述，往往需要由原体观测或物理模型试验提供某些流动参数，并需要对建立的数学模型进行验证；第三，程序的编制及资料的收集、整理与正确利用，在很大程度上依赖于经验和技巧。

CFD 方法有其原理、方法和特点，与理论分析、实验测量相互联系、相互促进，但不能完全替代，三者各有各的适用场合。实际应用中，需要注意三者有机的结合，争取得到理想的结果。

2. CFD 软件的发展

在 20 世纪 70 年代，有了现在意义上的 CFD 软件，但那时计算机和算法的发展水平将所有的求解限制在了二维流动范围。而真实世界中的流体运动都是三维的。此外，当时计算机的存储量和速度还不足以让 CFD 软件在三维世界中工作。直到 20 世纪 90 年代，这种情况才有了实质性的改变。今天的 CFD 软件，已经可以得到大量的三维流场结果，虽然要得到三维流场结果还需要大量计算机资源，但是这种方法已经在实际应用中越来越普遍。

自 1981 年以来，出现了如 PHOENICS、CFX、STAR-CD、FIDIP、Ansys Fluent、STAR-CCM+等多个商用 CFD 软件，这些软件显著的特点是：首先，功能比较全面、实用性强，几乎可以求解工程界中各种复杂问题；第二，具有比较易用的前后处理系统以及与其他 CAD 和 CFD 软件的接口能力，便于用户快速完成造型、网格划分等工作，同时还可以让用户扩展自己的开发模块；第三，具有比较完备的容错机制和操作界面，稳定性高；第四，可在多种计算机、操作系统（包括并行环境）下运行。随着计算机技术的快速发展，这些商用 CFD 软件可以作为设计工具在水利工程、土木工程、环境工程、食品工程、工业制造等领域发挥作用。

所有的商用 CFD 软件均包括 3 个基本环节：前处理、求解和后处理。与之对应的程序模块常简称前处理器、求解器和后处理器。

（1）前处理器

前处理器用于完成前处理。在前处理阶段用户需要进行如下工作：定义所求问题的几何计算；将计算域划分为多个互不重叠的子区域，形成由单元组成网格；对所要研究的物理和化学现象进行抽象，选择相应的控制方程；定义流体的属性参数；为计算与边界处的单元指定边界条件；对于瞬态问题，指定初始条件。

（2）求解器

求解器的核心是数值求解方案，其求解步骤如下：借助简单函数来近似待求的流动变量；将该近似关系代入连续的控制方程中，形成离散方程组；求解代数方程组。

（3）后处理器

后处理的目的是有效地观察和分析流动计算结果。后处理器的功能包括：计算域的几何模型及网格显示；矢量图；等值线图；填充型的等值线图；粒子轨迹图等。

3. 常用的 CFD 软件介绍

（1）STAR-CCM+

STAR-CCM+软件是新一代的 CFD 软件，采用最先进的连续介质力学算法

（computational continuum mechanics algorithms），与现代软件工程技术结合在一起，拥有出色的性能和高可靠性，是热流体分析工程师强有力的计算工具。连续介质力学数值技术可以实现：①多物理、基于连续介质的建模方法。建模时定义流体或固体的"连续体"（continua）并承载网格及计算方法；求解域（solution domain）划分为各个"区域"（regions）并承载物理空间。区域将赋予连续体，不同的物理空间可以赋予不同的计算方法。②物理（physics）与网格（mesh）的分离。在模拟设定过程中，网格仅用来定义问题的拓扑结构。③求解域内不同区域之间将进行信息传递，并且不依赖于网格，网格更自由。

STAR-CCM+软件具有一体化集成环境，在单一环境中完成整个 CFD 解析流程，不同于目前其他通用流体计算软件，还需要单独网格生成工具，且前处理的网格生成部分往往占据整个模拟计算的大多数时间。STAR-CCM+软件具有优越的前处理网格生成技术，采用包面（Surface Wrapper）技术可以自动地将复杂几何形体处理成完全拓扑封闭的、无任何泄漏的表面，以生成计算域的体网格。采用多面体网格技术，直接生成多面体网格，基于面的求解器（Face-based solver）允许网格有任何数量的面（其他通用计算软件基于单元中心），有更多的相邻单元，梯度的计算和当地的流动状况预测更准确；多面体对几何的变形没有四面体敏感，没有物理模型的限制；多面体网格与相同数量的四面体网格相比，不但计算结果更精确，而且解算速度快 3~5 倍。

STAR-CCM+软件采用先进的并行计算，对前后处理也能通过并行来实现，大大提高了分析效率。在计算过程中实时更新显示结果（矢量图、标量云图、曲线图表等），实时更新输入条件，同时具有强大的工程数据处理功能。

（2）Ansys Fluent

Ansys Fluent 可以解决很多不同类型的问题，包括二维平面问题、三维流动问题等，具有丰富的物理模型。根据实际情况选择不同的模型，可以模拟分析可压缩/不可压缩、湍流/层流、流固耦合、传热、多空介质问题。Ansys Fluent 软件在网格特性方面也有一定的优势，提供多样化的网格类型，能使用三角形/四边形的面网格、金字塔形/六面体形的体网格，还可以使用混合型的非机构化网格来计算流体问题。此外，还具有一定的网格修正功能，根据实际需要和计算具体问题的结果对网格进行加密或细化。Ansys Fluent 软件具有可以生成各种类型网格的前处理软件 Gambit，对于其他软件比如 Hypermesh、STAR-CD、STAR-CCM+等划分的网格也可以兼容。Ansys Fluent 软件的后处理功能不仅体现在二维曲线和三维图像的显示方面，还可以演示瞬态问题的动画过程，还能够自定义程序，在原有模型的基础上进行改进，适应性能力很强。

3.2.2 CFD 软件在储能系统热设计中的应用

CFD 软件利用有限元数值计算方法，模拟在各种运行情况下的发热情况，得到相应的温度场、速度场、压力场的分布，然后根据仿真结果分析散热结构设计的合理性及电池运行的温度环境，为电池模块热设计提供依据。

首先，根据数值模拟的特点，对电池模块的热数值模型进行描述，主要包括物理模型与数学模型。其次，建立电池模块的三维模型。

1. 数值计算方法选择

一般采用数值解法求解微分方程的常用方法主要有有限差分法、有限元法、有限体积法、边界元法、谱方法等。

有限差分法（Finite Difference Method，FDM）是数值方法中最经典的方法。它是将求解域划分为差分网格，用有限个网格节点代替连续的求解域，然后将偏微分方程（控制方程）的导数用差商代替，推导出含有离散点上有限个未知数的差分方程组。求差分方程组（代数方程组）的解，就是微分方程定解问题的数值近似解，这是一种直接将微分问题变为代数问题的近似数值解法。这种方法发展较早，比较成熟，较多用于求解双曲型和抛物型问题（发展型问题）。用它求解边界条件复杂，尤其是椭圆型问题不如有限元法或有限体积法方便。

有限元法（Finite Element Method，FEM）是将一个连续的求解域任意分成适当形状的许多微小单元，并对各微小单元分片构造插值函数，然后根据极值原理（变分或加权余量法），将问题的控制方程转化为所有单元上的有限元方程，把总体的极值作为个单元极值之和，即将局部单元总体合成，形成嵌入了指定边界条件的代数方程组，求解该方程组就得到各节点上待求的函数值。FEM 的基础是极值原理和划分插值，它吸收了有限差分法中离散处理的内核，又采用了变分计算中选择逼近函数并对区域积分的合理方法，是这两类方法相互结合、取长补短发展的结果。它具有广泛的适应性，特别适用于几何及物理条件比较复杂的问题，而且便于程序的标准化，几乎所有的固体力学分析软件都采用 FEM。

有限体积法（Finite Volume Method，FVM）又称控制体积法，是近年发展非常迅速的一种离散化方法，其特点是计算效率高。目前在 CFD 领域得到了广泛的应用。其基本思路是：将计算区域划分为网格，并使每个网格点周围有一个互不重复的控制体；将待解的微分方程（控制方程）对每一个控制体积分，从而得到一组离散方程。其中的未知数是网格点上的因变量，为了求出控制体的积分，必须假定因变量值在网格点之间的变化规律。从积分区域的选取方法看来，FVM 属于加权余量法中的子域法；从未知解的近似方法看来，FVM 属于采用局部近似的离散方法。

2. 计算控制方程选择

风冷散热模型数值计算中主要涉及的物理问题有狭缝空腔中的对流换热，以及固体之间的热传导。根据质量守恒定律、动量守恒定律和能量守恒定律，在流动和传热问题中这些守恒定律的数学表达式——偏微分方程称为控制方程。描述三维风冷时流动和传热过程的控制方程如下。

对流换热描述的控制方程组为

质量守恒方程：

$$\rho_f c_f \frac{\delta v}{\delta \tau} + \nabla \cdot (\rho_f c_f v T_f) = \nabla \cdot (\lambda_f \nabla T_f) \tag{3-1}$$

动量守恒方程：

$$\nabla \cdot v = 0 \tag{3-2}$$

能量守恒方程：

$$\rho_f \frac{\delta v}{\delta \tau} = -\nabla P + \mu \nabla^2 v \tag{3-3}$$

在流动过程中存在复杂的流动状态，计算模型采用标准的 $K\text{-}\varepsilon$ 湍流模型。

标准的 $K\text{-}\varepsilon$ 湍流模型的两方程为

K 方程：

$$\rho \frac{\partial K}{\partial t} + \rho u_j \frac{\partial K}{\partial x_j} = \frac{\partial}{\partial x_j}\left[\left(\mu + \frac{\mu_t}{\sigma_k}\right)\frac{\partial K}{\partial x_j}\right] + \mu_t \frac{\partial u_j}{\partial x_i}\left(\frac{\partial u_j}{\partial x_i} + \frac{\partial u_i}{\partial x_j}\right) - \rho\varepsilon \tag{3-4}$$

ε 方程：

$$\rho \frac{\partial \varepsilon}{\partial t} + \rho u_j \frac{\partial \varepsilon}{\partial x_j} = \frac{\partial}{\partial x_j}\left[\left(\mu + \frac{\mu_t}{\sigma_\varepsilon}\right)\frac{\partial \varepsilon}{\partial x_j}\right] + \frac{c_1\varepsilon}{K}\mu_t \frac{\partial u_i}{\partial x_j}\left(\frac{\partial u_i}{\partial x_j} + \frac{\partial u_j}{\partial x_i}\right) - c_2\rho\frac{\varepsilon^2}{K} \tag{3-5}$$

$$\mu_t = c_\mu \rho K^2 / \varepsilon \tag{3-6}$$

式中，ρ_f 为密度；u 为 X 方向的速度分量；v 为 Y 方向的速度分量；P 为压力；μ 为流体黏度；T_f 为温度；λ_f 为导热系数；c_f 为比热容；μ_t 为湍流黏性系数；ε 为耗散率；c_1，c_2，c_μ 为常数；K 为脉动动能。

采用 $K\text{—}\varepsilon$ 模型来求解湍流流动问题时，控制方程包括连续方程、动量方程、能量方程及 $K\text{—}\varepsilon$ 方程。在这一方程组中引入了 3 个系数（c_1, c_2, c_μ）及 3 个常数（$\sigma_k, \sigma_\varepsilon, \sigma_T$）。其经验系数为：$C_\mu = 0.09$，$C_{\varepsilon1} = 1.44$，$C_{\varepsilon2} = 1.92$，$C_{\varepsilon3} = 1.44$，$C_{\varepsilon4} = -0.33$，$\mathrm{Pr}_k = 1$，$\mathrm{Pr}_\varepsilon = 1.219$。

3. 离散化方法

离散方程建立后，还需对离散后的控制方程组求解。对离散后控制方程组的求解可分为耦合式解法和分离式解法，如下：

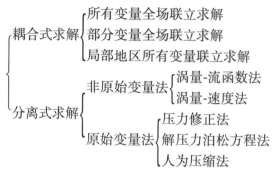

对于锂离子动力电池的传热计算，针对风冷散热模型，采用分离式原始变量法求解。分离式解法不直接解联立方程组，而是顺序的、逐个求解各变量代数方程组。原始变量法就是直接求解原始变量（采用风冷散热时考虑）等，目前工程上使用最为广泛的是压力修正法。压力修正法以压力耦合方程组的半隐式方法（SIMPLE 算法）应用最为广泛。SIMPLE（Semi—Implicit Method for Pressure—Linked Equation）算法自 1972 年问世以来在世界各国计算流体力学及计算传热学界得到了广泛的应用，这种算法提出不久很快就成为计算不可压流场的主要方法，随后这一算法以及其后的各种改进方案成功地推广到可压缩流场计算中，已成为一种可以计算任何流速的流动的数值方法。

计算中的压力修正方法为 PISO 算法，该方法是 SIMPLE 法的改进方法，具有收敛速度快等特点，但是其每步的计算时间较长。

PISO 算法的基本思想和结构都与 SIMPLE 算法非常相似，其名称由 Pressure Implicit Solution by Split Operator 的首字母所组成。下面简要介绍其计算过程，并说明它与 SIMPLE 算法的相同点与不同点。

将压力校正项 P' 分成两部分

$$P' = P'_1 + P'_2 \tag{3-7}$$

将速度校正方程写成

$$u'_e = \frac{\sum a^u_{nb} u'_{nb}}{a^u_e} + d_e(P'_P - P'_E) = u'_{e,1} + u'_{e,2} \tag{3-8}$$

式中：

$$u'_{e,1} = d_e(P'_{P,1} - P'_{E,1}) \tag{3-9}$$

$$u'_{e,2} = \frac{\sum a^u_{nb} u'_{nb}}{a^u_e} + d_e(P'_{P,2} - P'_{E,2}) \tag{3-10}$$

于是，正确的速度场可以整理为

$$u_e = u^*_e + u'_{e,1} + u'_{e,2} \tag{3-11}$$

修正后的压力为

$$P = P^* + P_1' + P_2' \tag{3-12}$$

作为一般近似，假定 $u_{e,2}' = 0$。这一假定实际上就是 SIMPLE 算法中所做的摒弃项 $\sum a_{nb} u_{nb}'$ 的假定，则速度校正式（3-11）变为

$$u_e = u_e^* + d_e(P_{P,1}' - P_{E,1}') \tag{3-13}$$

其他方向其他点上的速度校正公式与此类似，将此速度校正公式代入连续方程得到 $P_{P,1}'$ 的方程为

$$a_P P_{P,1}' = \sum a_I P_{I,1}' + b_1 \tag{3-14}$$

式中，$I = $ E，W，N，S，H，L。

这也就是 SIMPLE 算法中的压力校正方程。在 SIMPLE 算法和 PISO 算法中，都是用方程（3-14）来计算 P_1' 场，然后用方程（3-13）来修正速度场。尽管近似的 P_1' 方程易于过高估计 P_1' 的值，但得出的修正速度相当合理地满足连续性。

SIMPLE 和 PISO 之间的主要区别在于压力场的校正。在 SIMPLE 中，只是用 P_1' 来校正压力场。而另一修正 P_2' 仅在 PISO 中使用。P_2' 的方程可类似地推导得到。

$$a_P P_{I,2}' = \sum_I a_I P_{I,2}' + b_2 \tag{3-15}$$

式中，$I = $ E，W，N，S，H，L；b_2 的表达式为

$$b_2 = \frac{(\rho_P^0 - \rho_P)\Delta x \Delta y \Delta z}{\Delta t} + \left[\left(\rho\frac{\sum a_{nb} u_{nb,1}'}{a_P^u}\right)_w - \left(\rho\frac{\sum a_{nb} u_{nb,1}'}{a_P^u}\right)_e\right]\Delta y \Delta z +$$

$$\left[\left(\rho\frac{\sum a_{nb} v_{nb,1}'}{a_P^v}\right)_s - \left(\rho\frac{\sum a_{nb} v_{nb,1}'}{a_P^v}\right)_n\right]\Delta z \Delta x +$$

$$\left[\left(\rho\frac{\sum a_{nb} w_{nb,1}'}{a_P^w}\right)_l - \left(\rho\frac{\sum a_{nb} w_{nb,1}'}{a_P^w}\right)_h\right]\Delta x \Delta y \tag{3-16}$$

PISO 算法的计算步骤如下：

1）估计压力场 P^*，并估计一个迭代初始速度场；

2）求解动量方程，得到 u^*，v^*，w^*；

3）求解 P_1' 方程（3-14），得到 P_1'；

4）用 P_1' 来校正速度值，即用式（3-13）；

5）求 P_2' 方程（3-15），得到 P_2'；

6）用 P_1' 和 P_2' 来校正压力，即用式（3-12）；

7）求解那些通过源项、流体物性等影响流场的其他变量（如温度、浓度等）的离散化方程；

8）将新求得的速度场及新的物性、源项等代入动量方程，用新得到的压力 P 当作一个新的试探压力场 P^*，返回第 2 步，重复全部过程，直至得到收敛解；

9）得到收敛的速度场后，求解所剩下的其他待求变量。

比较 PISO 和 SIMPLE 的求解步骤，可以发现，PISO 仅在步骤中多一个求解 P'_2 方程，且对压力的校正多一个 P'_2。故使用 PISO 时，需增加计算时间和存储量。

4. 边界条件设定

1）在风冷散热的模型中，模块两侧箱体视为绝热面，无热流通过；

2）模块箱体与电池之间有流体经过，电池表面与运动流体之间的对流换热为第三类边界条件；

3）环境温度为静温。出口设置为压力边界；

4）计算域中设定了两种域，一种是流体域，另一种为固体域；

5）气固耦合面设为非滑移壁面。

5. 网格划分

网格划分作为整个数值模拟过程的一个重要环节，网格形式如何划分对计算速度、计算规模将产生直接的影响，既要考虑网格数量、疏密、单元阶次，又要考虑网格质量与网格布局。

在网格设计中，由于重点区域是电池间的间隙区域，同时该区域的缝隙尺寸却很小，但该区域的网格数量仍然采用了较多的网格，其他流动变化小的地方用较大的网格。此外在边界层处进行了边界层的拉伸，更好地捕捉流动及热传导的变化情况。网格生成中采用了 Remesher（表面重构）和 Polyhedral（多面体网格）的形式。

6. 计算结果分析

利用 CFD 软件的后处理功能，对散热结构的温度场、流场、压力场进行分析，通过计算结果优化结构，使最高温度控制在合理的范围内，温度场有很好的一致性，流场分布均匀，没有涡流产生。

3.2.3 锂离子电池模型介绍

锂离子电池热模型作为 CFD 仿真中的重要一环，自锂离子电池诞生以来，关于锂离子电池热模型的研究已进行了 20 多年。目前针对锂离子电池单体的热模型，主要包括电化学-热耦合模型、电-热耦合模型、热滥用模型等。

3.2.3.1 基于电化学-热耦合模型的热模拟研究

对于锂离子电池单体，其在充电和放电的过程中都伴随着化学反应，这些化学反应的同时也伴随着热量的变化，因而导致电池在充放电过程中会发生温度的变化。电化学-热耦合模型就是通过对电池的化学反应结合电池热量变化对电池温度进行描述的一类模型，该模型从电池内部的电化学反应生热出发，以多孔电极理论和浓溶液理论为基础，并结合了质量守恒方程、能量守恒方程、电荷守恒方程及电化学动力学。该模型可以全面模拟电池在不同工况下的电化学过程与热传导过程，该仿真模型适用面广，目前广泛地应用于电池仿真中。但是该模型一般假设电池内电流密度的分布是均匀的，这种假设在仿真小型电池时，可以保证模型的精度，但是在仿真大型电池时，会出现较大的模型误差。

对于电化学-热耦合模型，其模型的电化学部分源于 1993 年 Newman 和 Doyle 等人提出的锂离子电池电化学准二阶模型，该模型使用 Butler-volmer 方程来描述锂离子电池在正负极与电解液界面的电极动力学过程，用菲克定律描述锂离子在正负电极材料内部和电解液中的扩散系数，但该模型将扩散系数作为固定值进行处理，并未考虑电池活性颗粒体积和孔隙率的变化。而对于热模型部分，来源于 Bernardi 在 1984 年基于电池系统能量密度守恒原理所提出的模型，该生热模型包含了焦耳热、电化学反应热、熵变热及混合热等热源。电化学-热耦合模型按照不同维度可分为：集中质量模型、一维模型、二维模型和三维模型。

（1）集中质量模型

集中质量模型将电池近似为一个整体，并假设在热扩散过程中各个方向上的热分布一致。这类模型将热累积、对流以及扩散效应平衡到环境温度与产热上，使得计算相对容易，大多数情况下该模型用于研究电池的整体特性。

1998 年，Gerardine G. Botte[1] 等人使用集中质量模型，针对某 Li_x/Li_yNiO_2 型锂离子电池讨论了不同 SOC 下，电流密度、传热系数、正负极材料属性和密度等对电池单体温度的影响，同时还讨论了 135℃下正极分解反应对电池单体温度的影响。这是可查找文献中较早地使用热模型对锂离子电池进行系统研究的文章。S. Al Hallaj[2] 等人使用集中质量模型，针对索尼 18650 型电池，讨论了不同放电速率下，仿真得到的温度与实验温度的区别。在低放电速率下，两者吻合得很好，在高放电速率下，出现了一定偏差。该文作者认为这是由于高放电速率下，电池的不均匀性的影响显现，电池单体高温区域的不可逆反应生热较大。该研究结果表明集中质量模型在研究中的局限性，因而有必要使用多维模型对大电流下的电池温度场进行研究。Noboru Sato[3] 在 2001 年提出了锂离子电池的生热模型，用集中质量模型针对 80Ah 锂离子电池单体进行了仿真，并且通过将电池单体用绝热材料包裹并测量其实际温度，将仿真值与实验值比较，两者有较好的吻合。Sato 生热模型在不考虑副反应生热的情况下，与 Bernardi 生热模型类似。该文详细探讨了锂离子电池的生热机理，对热模型研究有很高的指导意义。Atsuhiro Funahashi[4] 等人使用 Bernardi 生热速率模型，研究了 2Wh 的氧化钴镍锂和氧化钴锂的小电池，以及 250Wh 的氧化钴镍锂大电池的热场，讨论了在不同放电深度下电池的表面温度情况并和实际测量值进行比较，两者基本吻合。研究认为，由于熵变不同，氧化钴镍锂比氧化钴锂的生热小，更适合制作大型电池。

（2）一维模型

一维模型用来研究电池在具体某一维度的温度分布，如圆柱形电池的径向、方形电池的厚度方向。相对来说，一维模型计算较为简单，用于粗略描述电池的温度分布。Said Al-Hallaj[5]等人使用一维模型，讨论了相变材料在锂离子电池热管理中的作用，并初步讨论了电池模块的温度分布，以及大型锂离子电池的温度场问题。研究认为，相变材料对大型锂离子电池模块热管理会起到积极作用。

（3）二维模型

二维模型主要对电池的截面温度分布进行研究。Ui Seong Kim、Chi-Su Kim[6]等人，结合 Bernardi 生热速率和传统二维热模型，仿真某款铝塑膜方形锂聚合物电池大倍率放电工况，得到电池的二维温度场分布，并和热成像图像比较，两者非常吻合。Mao-Sung Wu[7]等人使用 Bernardi 生热速率模型，研究了某一 12Ah 的圆柱形锂离子电池在不同散热情况下的温度分布情况。文章给出了电池内部径向和轴向的温度分布，以及在不同的放电深度下和不同的冷却条件下，电池表面的温度分布情况，并和实验测量值进行比较。文章计算认为，在大电流放电情况下，电池温升很高，容易热失控，而且电池温度分布不均匀，所以电池的散热设计非常必要。Siddique A. Khateeb[8]等人使用 Bernardi 生热速率，构建了 18650 型锂离子电池模块的二维模型，结合实验研究了泡沫铝和相变材料在锂离子电池模块散热中的作用，研究认为使用相变材料填充的泡沫铝时，可以较好地降低锂离子电池模块的温度。Shin-Chih Chen[9]等人使用 Bernardi 生热速率，针对卷绕型圆柱锂离子电池单体，构建了详细的二维有限元分层模型，讨论了如何提高仿真的准确度，并仿真了各种因素（如散热条件、外壳、放电深度、放电电流等）对电池内部的温度分布的影响。

（4）三维模型

三维模型用来模拟整个电池的温度分布，能对电池产热进行较为准确的描述，对电池单体结构设计、电池组的设计等具有非常重要的意义。

王晋鹏[10]等人将二维热模型与三维热模型对电池的仿真结果进行对比，验证了三维热模型相对于二维热模型具有更高的准确性。张志杰等人用三维热模型模拟了不同放电条件下电池的温度分布，结果表明电池内的中心温度最高，温度向外依次减小，在高倍率放电的情况下，电池温升较大，超过电池使用的适宜温度。Chen[11]等人对一维热模型、二维热模型以及三维热模型在电池产热模拟过程中的工作量和准确性进行了对比，验证了电池核芯结构的模拟对电池整体的模拟影响不大。并且在此基础上简化核芯结构，建立了某种锂离子电池的产热模型，对电池产热过程的影响因素进行了分析。范兴明[12]等人对圆柱形磷酸锂铁 26550 电池建立了三维电化学-热耦合模型，并对电池组的强制冷风的通风方式、散热结构、风机控制策略等方面进行了研究分析，对热管理系统的工程设计具有一定的借鉴意义。

3.2.3.2　基于电-热耦合模型的热模拟研究

电-热耦合模型是一种关注锂离子电池在充放电过程中电流、电压、温度等物理现象所建立的模型，该模型着重研究了锂离子电池集流体平面上电流密度的不均匀性及电流分布所产生的温度分布不均匀性，忽略了电池内部具体的化学反应。该模型可以指导改进电池外形、极耳、集流体等的设计，同时可以帮助研究电池的一致性问题。目前电-热耦合模型多使用二维模型或三维不分层模型，实际电池是三维分层结构，所以现有模型的精度还可以进一步提高。

对于电-热耦合模型，其热模型目前仍然是基于 Bernardi 生热模型，而电模型这里是指等效电路模型，该模型通过使用电阻、电容、恒压源等电路元件组成电路网络以模拟电池的动态电压特性。目前一般涉及的等效电路模型主要包括 Rint 模型、Thevenin 模型、PNGV 模型、二阶 RC 模型及 GNL 模型。

Rint 模型由一个理想电压源和欧姆内阻构成，该模型结构简单且参数容易计算，但是无法描述动态过程。当电池流过大电流时，其仿真误差增大，仿真准确度大大降低，所以一般仅用来描述理想电池，在实际应用中比较少。Thevenin 模型则是在 Rint 模型的基础上添加了一个 RC 结构来模拟电池的电化学极化效应改变电极电势的情况，从而实现更高的精度，且其构造相对简单，可以实现大部分的电池仿真，因而在现实中的应用也最广泛，但是该模型受电池老化和温度变化的影响较大，准确度一般。对于 PNGV 模型，其是在 Thevenin 模型增加一个电容 $C_{\rm Q}$ 以描述电流对 OCV（开路电压）的影响，能够实现电池 SOC、SOH 等状态的估计，但是串联电容导致的累积误差会降低模型的准确度。对于由两组 RC 结构与一个电阻串联组成的二阶 RC 模型，其将浓差极化的影响也考虑在内，所以仿真准确度较高，特性更接近真实的电池，但是由于其元件的增多，结构也更加复杂。对于 GNL 模型，则是在二阶 RC 模型的基础上又增加了一个电阻来模拟电池的自放热特性，其模型的准确度更高但是计算也更为复杂。

2003 年，Matthew A. Keyser[13]等人对某锂聚合物电池的放电过程进行了热成像分析，得到如图 3-8 所示的图像。图像表明，电池单体表面的温度分布是不均匀的，而且靠近极耳处更热。这和电池的电流密度分布是相对应的，说明研究电流密度分布对研究电池单体温度场有重要意义。

2005 年，美国国家可再生能源实验室的 A. Pesaran[14]等人发展了氢镍电池模块的三维电-热耦合模型，该研究对于锂离子电池热模型的研究有重大的参考意义。他们将氢镍电池等效为各向异性的同一种材料，然后计算电池组的电压分布、电流密度分布情况。在此基础上，根据直流内阻生热，得到电池组的放电状态下的温度分布情况。得到的结果和热成像图像进行比较，两者基本吻合。在此研究的基础上，2006 年，A. Pesaran[15]等人针对锂离子圆柱形电池进行研究并构建了电-热耦合模型，对电池的设计方案进行了讨论，得到了电压分布，进而计算出锂离子电池的温度场，其温度云图如图3-9所示。

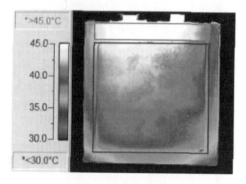

图3-8 电池热成像图

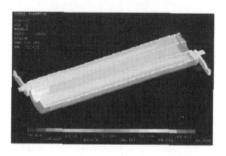

图3-9 圆柱形电池温度分布图（彩图见书后）

2006年，Kwon[16]等人根据能量守恒定律、电荷守恒定律及简化的Bernardi生热模型建立了二维的电-热耦合模型，并通过该模型研究了锂离子电池在放电过程中电极集流体处的电压与电流密度分布情况。Kwon认为在锂离子电池的材料、尺寸与充放电情况确定后，电压与电流密度可以通过计算确定，并且可以视为是电池内部位置与时间的函数，其分布如图3-10和图3-11所示。

3.2.3.3 基于热滥用模型的热模拟研究

锂离子电池的安全性是影响其实际应用的重要因素。热滥用模型是研究其安全性的重要工具。电池热滥用模型一般是在传统热模型的基础上，耦合电池内部可能的生热反应，从而仿真、预测电池在热滥用下如何到达热失控点或者发生热失控后电池状态的变化。2001年，T. D. Hatchard等人针对方形和圆柱形锂离子电池，在集中质量模型的基础上耦合电极材料化学反应动力学，构建了热耦合模型，仿真烤箱实验下电池的温度变化情况。作者使用Fortran和Visual C++进行编程，并使用ARC或DSC实验获得的数据进行拟合或验证。研究表明，可以构建模型对电池的热滥用进行仿真，并对选择电池材料提供指导。

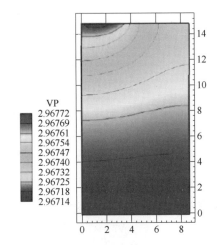

图 3-10　锂离子电池在 1*C* 放电工况下正极的电势分布图（彩图见书后）

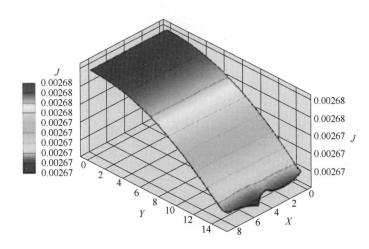

图 3-11　锂离子电池在 1*C* 放电工况下的电流密度分布图（彩图见书后）

从上述 3 种模型的建模理论可以推导出其各自的针对性，电化学-热耦合模型从电化学反应生热的角度描述电池热模型，主要用于仿真电池在正常工作状态下的温度情况。电-热耦合模型是结合电池单体内部的电流密度分布情况，研究电池单体温度场分布的模型，该模型可以指导改进电池外形、极耳、集流体等的设计，同时可以帮助研究电池的一致性问题。电池热滥用模型一般是在传统热模型的基础上，耦合电池内部可能的生热反应，从而仿真、预测电池在热滥用下如何到达热失控点或者发生热失控后电池状态的变化。3 种模型从不同角度对电池进行建模，从而得到了不同条件下的电池热特性。

3.3 锂离子电池热管理设计实例

1. 建立仿真模型

计算建模部分的难度主要体现在几何物体的数量较多，对计算机图形处理能力的要求高。3D 模型首先采用 CAD 软件包 SolidWorks 来建模，然后由 CAD 的特征模型导入 CFD 软件，获得生成网格的型面。图 3-12 为电池单体的模型示意图，图 3-13 为电池模块示意图。

图 3-12　电池单体的模型示意图

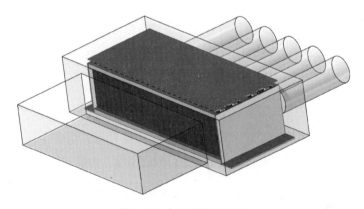

图 3-13　电池模块示意图

2. 网格划分

在将 CAD 模型导入 CFD 软件后，在 CFD 软件中直接就可以通过设定网格参数生成网格。在网格设计中，重点区域是电池间的间隙区域，该区域的缝隙尺寸很小（4mm），但该区域的网格数量仍然采用了较多的网格，其他流动变化小的地方用较少的网格。此外在边界层处进行了边界层的拉伸，网格生成中采用了

Remesher（表面重构）和 Polyhedral（多面体网格）的形式。在生成网格后即可设定边界条件，从而进行计算分析。全局网格图如图 3-14 所示。

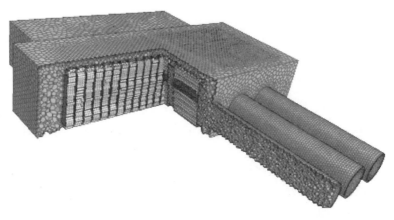

图 3-14　全局网格图

3. 电池热模型

常用电池热模型包括 CHT 模型、NTGK 模型及 ECM 模型。

（1）CHT 模型

CHT 模型，即共轭传热模型，其主要原理是将每块电池视为均匀发热源。在 Ansys Fluent 中设定其发热功率后即可进行计算，其中发热功率可以设定为常量或与时间的函数，也可以采用将实验数据做成 txt 文件或 udf 文件的形式代入到电池固体域中进行计算。该模型简单易懂，但是由于该模型电池的放热主要来源于实测数据，准确度相对较低。

（2）NTGK 模型

NTGK 模型又称为准静态模型，其原理是基于电化学-热耦合模型来模拟稳定的充放电过程。其涉及的三维电化学模型，体积电流传输率如式（3-17）所示，X、Y 分别为根据电池放电深度（DOD）拟合的参数，计算公式见式（3-18）和式（3-19），放电深度如式（3-20）所示，电化学反应热如式（3-21）所示。

$$j_{Ech} = VY \left[X - (\varphi_+ - \varphi_-) \right] \tag{3-17}$$

式中，j_{Ech} 为电池体积电流传输率；V 为电池中电极夹芯板的特定区域体积；φ_+、φ_- 分别为正、负电极的相电位。

$$X = \left[\sum_{n=0}^{5} a_n (DOD)^n \right] - C_2 (T - T_{ref}) \tag{3-18}$$

$$Y = \left[\sum_{n=0}^{5} b_n (DOD)^n \right] \exp \left[- C_1 \left(\frac{1}{T} - \frac{1}{T_{ref}} \right) \right] \tag{3-19}$$

式中，C_1、C_2 分别为电池特定 NTGK 模型常数；a_n、b_n 分别为实验确定的常数；

T 为测量温度；T_{ref} 为参考温度。

$$DOD = \frac{E}{3600Q}\left(\int_0^t J\mathrm{d}t\right) \tag{3-20}$$

式中，E 为电池的电量；Q 为电池的容量；J 为电流密度；t 为时间。

$$q_{Ech} = j_{Ech}\left[U-(\varphi_+-\varphi_-)-T\frac{\mathrm{d}U}{\mathrm{d}T}\right] \tag{3-21}$$

式中，q_{Ech} 为电池内部电化学反应产生的热量；U 为电压。

在采用 NTGK 模型进行计算的时候，应当测量电池在不同恒流放电倍率下的电压-时间曲线，并将其制成 txt 格式的文件代入 Ansys Fluent 中。Ansys Fluent 会将所代入的放电曲线修改为电压-DOD（放电深度）曲线，并将多个曲线整合为电压-电流密度特征曲线，最终拟合出对应的电化学反应参数并与热模型相结合进行计算。该模型的准确度较 CHT 模型高，适用于电池系统的热管理计算中。NTGK 模型拟合图如图 3-15 所示。

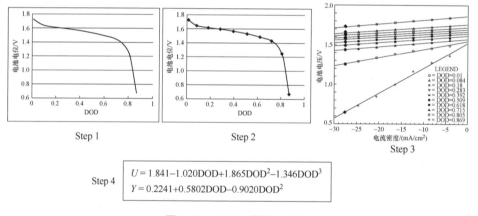

图 3-15　NTGK 模型拟合图

（3）ECM 模型

ECM 模型又称为等效电路模型，其原理是基于电-热耦合模型通过拟合得到等效电路相关的参数并与热模型相结合，最终模拟电池充放电过程中产热情况及各类电参数的变化。其采用的等效电路模型为二阶 RC 模型，其原理图如图 3-16 所示。

在采用 ECM 模型进行计算时，需要提供电池的脉冲充电数据，即类似于 HPPC 的充放电数据。Ansys Fluent 会将代入的 HPPC 实验数据进行处理，得到等效电路内阻相关的参数，并结合热模型进行计算。图 3-17 所示即为通过 ECM 模型得到的电池电流密度、电势及温度云图数据。ECM 模型相较于 NTGK 模型具有更高的准确度，目前在 3 种模型中被使用的程度最高。

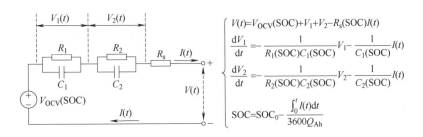

$$\begin{cases} V(t)=V_{OCV}(SOC)+V_1+V_2-R_s(SOC)I(t) \\[2mm] \dfrac{dV_1}{dt}=-\dfrac{1}{R_1(SOC)C_1(SOC)}V_1-\dfrac{1}{C_1(SOC)}I(t) \\[2mm] \dfrac{dV_2}{dt}=-\dfrac{1}{R_2(SOC)C_2(SOC)}V_2-\dfrac{1}{C_2(SOC)}I(t) \\[2mm] SOC=SOC_0-\dfrac{\int_0^t I(t)dt}{3600Q_{Ah}} \end{cases}$$

图 3-16　ECM 模型原理图

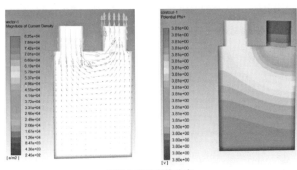

电流分布及电势分布

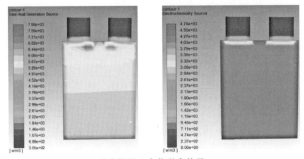

总发热量及电化学发热量

图 3-17　电池电流密度、电势及温度云图（彩图见书后）

4. 边界条件设定

进口采用速度进口边界条件，设置温度，出口采用充分发展的压力出口边界条件。

计算域中设定两种域，一种是流体域，另一种为电池所在的固体域。

设置固体域中电池的热物性参数。

设置流体域为理想空气。

所有的气固耦合面均设为非滑移壁面,并作为 wall 条件处理。

5. 计算模型选择

对于该仿真模型,流动方程采用连续方程、动量方程及 $\kappa\text{-}\varepsilon$ 湍流方程,导热方程采用能量方程。

6. 数据点监测

以截面压差、出口速度以及电池表面温度为监测点,作为判定模拟计算的收敛依据。

7. 冷却风扇选择

冷却风经过电池间的通道时将产生压力损失,系统的压力损失与风量呈抛物线关系,风扇产生的静压必须克服阻力损失,现在绘制不同风速下系统的压力损失曲线,将风扇的特性曲线与系统的特性曲线画在同一张图中,两条曲线的交点即为风扇与系统的工作点,如图 3-18 所示。

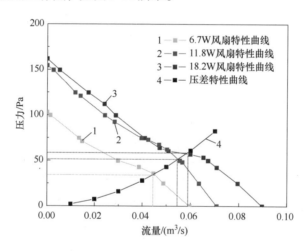

图 3-18 风扇特性曲线与系统特性曲线图

风扇特性曲线中间的平坦转折区为轴流风扇特有的不稳定工作区,一般要避免风扇工作在该区域。而风扇特性曲线的前 1/3 段具有高风压、小流量的特性,对于电池散热结构来说并不适合。

8. 电池模块流场及温度场仿真结果分析(见图 3-19)

分析电池模块内流场特征以及电池监控点温度特征,若在充放电过程中电池最高温度及电池间的温差未达到设计要求,则修改仿真模型后以此流程再进行电池模块仿真,直至电池模块内电池最高温度及电池间的温差达到设计预期。

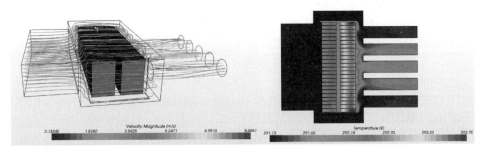

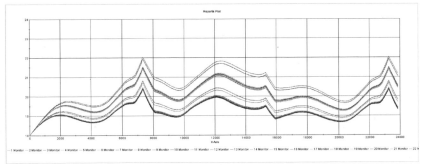

图 3-19　电池模块仿真结果示意图（彩图见书后）

参 考 文 献

［1］ BOTTE, GERARDINE G, JOHNSON, et al. Influence of some design variables on the thermal behavior of a lithium-ion cell ［J］. J Electrochemical Society, 1999, 146: 3.

［2］ AL HALLAJ, S, MALEKI, et al. Thermal modeling and design considerations of lithium-ion batteries ［J］. J Power Sources, 1999, 83: 1-8.

［3］ SATO N. Thermal behavior analysis of lithium-ion batteries for electric and hybrid vehicles ［J］. J Power Sources, 2001, 99: 70-77.

［4］ FUNAHASHI A, KIDA, Y YANAGIDA, et al. Thermal simulation of large-scale lithium secondary batteries using a graphite-coke hybrid carbon negative electrode and $LiNi_{0.7}Co_{0.3}O_2$ positive electrode ［J］. J Power Sources, 2002, 104: 248-252.

［5］ AL-HALLAJ S, SELMAN J R. Thermal modeling of secondary lithium batteries for electric vehicle/hybrid electric vehicle applications ［J］. J Power Sources, 2002, 110: 341-348.

［6］ UI SEONG KIM, CHEE BURM SHIN, CHI-SU KIM. Effect of electrode configuration on the thermal behavior of a lithium-polymer battery ［J］. J Power Sources, 2008, 180: 909-916.

［7］ MAO-SUNG WU, K H LIU, YUNG-YUN WANG, et al. Heat dissipation design for lithium-ion batteries ［J］. J Power Sources, 2002, 109: 160-166.

［8］ KHATEEB SIDDIQUE A, AMIRUDDIN SHABAB, FARID MOHAMMED, et al. Thermal management of Li-ion battery with phase change material for electric scooters: experimental validation

[J]. J Power Sources, 2005, 142: 345-353.

[9]　CHEN SC, WANG YY, WAN CC. Thermal analysis of spirally wound lithium batteries [J]. J Electrochemical Society, 2006, 153 (4): A 637-A 648.

[10]　王晋鹏，李阳艳. 锂离子电池三维温度场分析 [J]. 电源技术，2011, 35 (10): 1205-1207.

[11]　CHEN SC, WANG CC. Thermal analysis of lithium-ion batteries [J]. J Power Sources, 2005, 140: 111-124.

[12]　范兴明，房冠平，杨家志，等. 动力电池组热分析与风冷散热措施研究 [J]. 电气应用，2016, 35 (03): 68-71.

[13]　KEYSER M A, PESARAN A, MIHALIC M. Thermal characterization of advanced lithium-ion polymer cells [C]. Third Advanced Automotive Battery Conference, 2003.

[14]　PESARAN A, BHARATHAN D, KIM G. Improving battery design with electro-thermal modeling [C]. The 21st Worldwide Battery, Hybrid and Fuel Cell Electric Vehides Sympasium & Exhibition (EVS 21), 2005.

[15]　PESARAN A. Electrothermal analysis of lithium ion batteries [C]. The 23rd International Battery Seminor & Exhibit, 2006.

[16]　KWON K H, SHIN C B, KANG T H, et al. A two-dimensional modeling of a lithium-polymer battery [J]. J Power Sources, 2006, 163: 151-157.

第4章

锂离子电池大规模系统集成

4

4.1 锂离子电池储能系统拓扑结构分析

4.1.1 储能变流器（PCS）

4.1.1.1 PCS原理介绍

PCS作为储能系统与电网连接的功率接口设备，具有控制电网与储能单元间能量双向流动的功能，满足功率控制准确度和充放电快速转换的响应速度要求。PCS设备应有多种控制模式，例如PQ控制、VF控制、下垂控制、虚拟发电机控制等。可以根据需要选择对应控制模式，其中"虚拟发电机控制"模式能使PCS设备像一个传统发电机一样工作。当储能系统从电网吸收电能时，PCS运行在整流状态；当储能系统向电网输送电能时，PCS运行在逆变状态。

4.1.1.2 PCS控制系统

PCS控制系统由触摸屏、主控制器等主要部分组成。各部分实现以下功能：

1. 触摸屏（人机界面）

1）系统具有良好的人机界面，能对系统应用对象进行不同的设置，使通用软件能适应各种需求。

2）能实时显示系统各种采集数据，并能以表格、曲线、棒图等方式显示数据。

3）能查询并打印系统保存的历史信息。

2. 主控制器

PCS主控制器控制各部件的运行状态，使系统的稳态和动态性能满足设计要求。主控制器基于专用数字信号处理器（DSP）和大规模集成现场可编程门阵列（FPGA）的设计，具有高速度、高准确度、高可靠性和高集成度等优点；主控制器采用先进的非线性控制算法，既保证了对有功功率和无功功率的快速输出，也保证了系统电压不平衡时装置的稳定运行。

PCS 主控制器还可对系统一次、二次设备实时运行状态和运行参数进行监测和显示,并在必要时进行设备状态的记录;本地监控可实现控制参数和保护定值的重新调整或设定,具有母线电压、输出电流、链节直流电压、链节故障/旁路状态和各种故障显示及故障追忆等功能;具备操作权限管理功能,操作员的界面根据岗位权限级别分为不同级别,并各有专用口令;可以通过远方计算机进行实时状态监控:远方通信监控接口为 RS232/RS485 和 CAN 现场总线,备有计算机网络监控的 RJ45 扩展口和通信转换模块,可以灵活支持 Modbus、TCP/IP 和 IEC 61850 等通信协议。

4.1.1.3 PCS 性能参数

表 4-1 为 PCS 性能参数。

表 4-1 PCS 性能参数表

电气特性	额定电压	6kV/10kV
	工作频率	50Hz
	正常工作频率范围	47~52Hz
	额定功率	6kV:1.5~5MW 10kV:3~10MW
	直流侧电压变化范围	550~876V
	系统寿命	15 年
	总电压波形畸变率(THDv)	<1%
	总电流波形畸变率(THDi)	<3%
	交流电压控制准确度	偏差低于 1%
	输出电流控制准确度	偏差低于 1%
	输出功率控制准确度	偏差低于 1%
	功率因数	额定功率下连续调节 -1~1
	接线方式	三相三线
	功率响应时间	<3ms
	充放电转换时间	<5ms
	孤岛检测时间	<5ms
	并离网切换时间	<10ms
	过载能力	1.1 倍 10min 运行,1.2 倍 1min
	状态切换	具有并网和孤网两种工作模式,支持黑启动并可实现无缝切换
	PCS 最佳转换效率	> 98.5%
	输出电压失真度	线性负载条件下<0.6%

（续）

电气特性	待机损耗	相对于额定功率<0.5%
	控制算法	并网 PQ 控制、离网及离网转并网的 VSG 下垂控制
	控制器	双 DSP 结构采样时间小于 8μs
	通信协议	Modbus 标准通信协议，RS232/RS485/CAN 接口、以太网接口和光纤接口
	控制连接	电气连接
结构特征	防护等级	IP54 或根据用户要求定制
	颜色	浅灰，可根据要求选择其他颜色
	冷却方式	空调+强迫风冷
	整体结构	集装箱式
	安装方式	户外
环境条件	环境温度	−20 ~ +50℃
	相对湿度	10% ~ 100%，无冷凝
	海拔	2000m 以内
噪声		小于 65dB
电磁兼容		考虑衰减振荡波脉冲群干扰、静电放电干扰、辐射电磁场干扰、快速瞬变干扰、浪涌干扰度、电压中断抗扰度、电磁发射试验等因素
保护措施		高低压穿越保护、防孤岛保护、交流过电流保护、交流过电压保护、交流欠电压保护、交流超频保护、交流欠频保护、错相保护、过载保护、直流过电流保护、直流过电压保护、直流欠电压保护、直流极性反接保护、过温保护、绝缘保护、开关状态异常保护、降额保护

4.1.2　储能系统结构

以 5MW/10MW·h 的储能系统为例，每相由 20 个链节串联组成；每个链节由 1 个功率单元柜和 1 个电池柜组成，每个电池柜由多个电池模块串联组成。级联 H 桥拓扑结构如图 4-1 所示。

高压级联 PCS 中功率单元及电池拓扑结构如图 4-2 所示。

PCS 功率单元主要由 IGBT 逆变桥和直流支撑电容器构成，同时还包括由功率器件驱动、保护、信号采集、光纤通信等功能组成的控制电路。通过控制 IGBT 的工作状态，输出 PWM 电压波形。每个 PCS 功率单元在结构及电气性能上完全一致，可以互换。图 4-3 是单个 PCS 单元交流侧 PWM 波形，图 4-4 是储能系统高压输出侧交流正弦波形，图 4-5 是示波器实测波形。

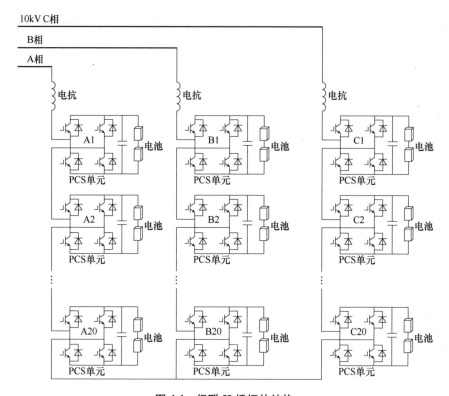

图 4-1 级联 H 桥拓扑结构

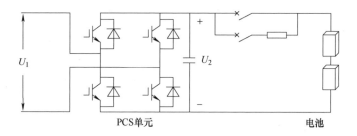

图 4-2 功率单元及电池拓扑结构

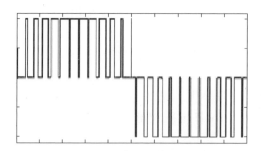

图 4-3 单个 PCS 单元交流侧 PWM 波形

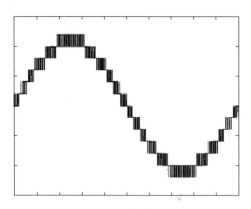

图 4-4　储能系统高压输出侧交流正弦波形

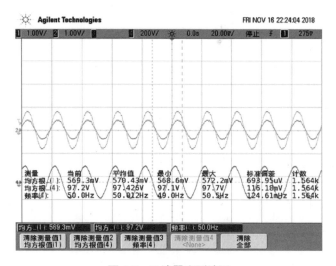

图 4-5　示波器实测波形

4.1.3　高压级联技术的优势

高压级联式集装箱储能系统，具有安全性好、电压等级高、系统容量大、能量转化效率高、电池利用率高、占地面积小等优势，其结构原理图如图 4-6 所示。

4.1.3.1　电池均衡效果

低压储能方案都为一个 PCS 控制多个电池簇（即电池簇并联方案），比如一台 500kW/500kWh 储能系统，假如一个电池簇的容量为 100kWh，则需要 5 个电池簇并联。电池簇并联之后，由于每个电芯的内阻有细微差别，当多个电芯串联后，每簇电池的总内阻差别更大，由于簇与簇之间都并联在同一直流母线上，则直流电压相同，相同直流电压下，簇的内阻不同，则造成每簇的充放电电流不同，最终导致每簇的充放电电量不一致（即 SOC 不一致）。图 4-7 所示为典型的多电池簇并联的低压储能系统的电池接入示意图：在一个 PCS 模块下，并联了 5 个电池簇，经过多次充放电后，出现了内阻小的电池簇 SOC 达到 90% 以上（如簇 1），内阻大的电池簇 SOC 还只是约 50%（如簇 2），每一簇的 SOC 差别比较大，这样导致了整个储能系统的均衡性差（典型的"木桶效应"现象），大大降低了储能系统的可利用容量。

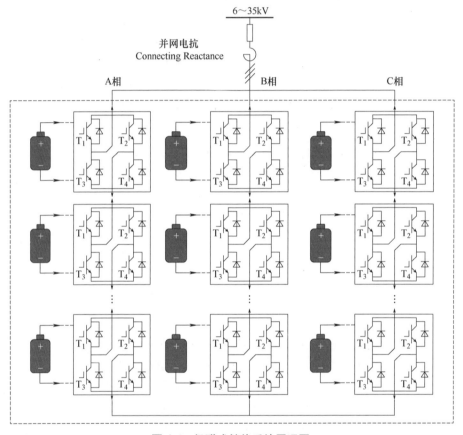

图 4-6　级联式储能系统原理图

虽然低压储能系统也配置了电池均衡技术，但是只有两级均衡，分别为电池模块内和电池模块间的均衡，这两级均衡都是电池簇内的均衡，不能解决簇与簇之间的均衡。也就是说，这两级均衡技术只能解决簇内电芯与电芯之间的均衡，比如图 4-7 中 B11 与 B14 电芯之间的均衡，B21 与 B22 电芯之间的均衡，而对簇 1 与簇 2 的均衡无能为力。而恰恰相反，簇内电芯与电芯为串联连接，在充放电过程中，充放电电流相同，则充放电特性基本相同，故 SOC 基本一致。

而高压级联型方案，其主要宗旨是最大限度地减少电芯及电池簇的并联或者完全没有电芯及电池簇并联，采用单簇电池连接一个功率变换单元的模式（即

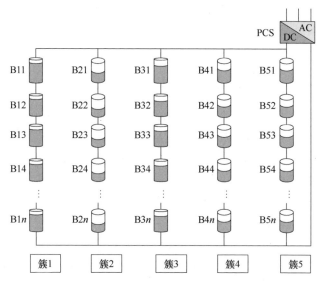

图 4-7　低压电池簇并联式电池接入示意图

一个 PCS 控制一个电池簇的模式），如图 4-8 所示，一个 PCS 控制一个电池簇，每个 PCS 可以单独控制本簇电池的充放电电流。如图 4-8 所示，在充电工况下，簇 1 的 SOC 较大，簇 2 的 SOC 较小，可以通过 1#PCS 与 2#PCS 控制两簇的充电电流，1#PCS 控制簇 1 的充电电流减少，2#PCS 控制簇 2 的充电电流增大，从而使两个电池簇的 SOC 基本一致，这就是高压级联型储能系统的相内 PCS 功率单元主动均衡技术。同时高压级联型储能系统还具有相间 PCS 功率单元主动均衡

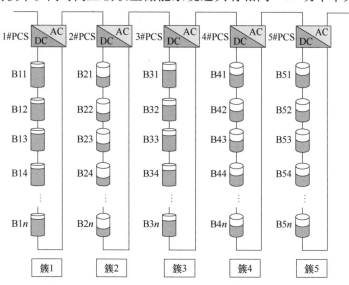

图 4-8　高压级联拓扑结构电池接入示意图（其中一相）

技术，相间 PCS 功率单元主动均衡技术原理与相内 PCS 功率单元主动均衡技术基本类似，主要还是通过 PCS 功率单元主动控制每个电池簇的充放电，从而达到相与相之间的 SOC 基本一致。

经上分析，高压级联型储能系统除了具备低压储能系统的两级簇内电池均衡技术（电池模块内和电池模块间的均衡），同时还有相内 PCS 功率单元主动均衡技术及相间 PCS 功率单元主动均衡技术，即具备四级均衡技术。与传统低压方案的两级均衡相比，极大地提高了电池 SOC 的一致性，可避免电池模块"木桶效应"对整体储能系统的影响，提高了电池的利用率和使用寿命。

4.1.3.2 链节冗余技术

PCS 运行过程中有一个或多个功率链节（包括电池）出现故障后，系统进入待机状态，切除故障链节后重新启动储能系统，提高了系统整体的稳定性。在切除故障 H 桥单元后储能变流器的故障冗余策略控制仍能保持交流侧输入线电压平衡以及保证剩余电池组的 SOC 均衡。电池故障下切除机制如图 4-9 所示。

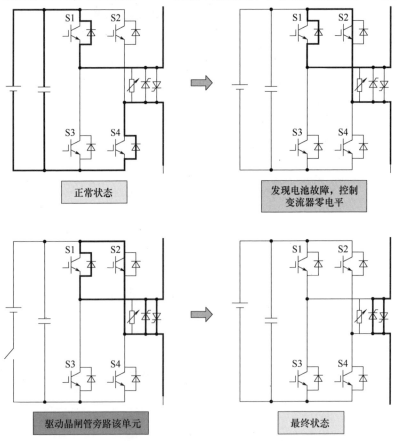

图 4-9　电池故障下切除机制图

4.1.3.3　电能质量

通过高精度的电压电流采样技术和高性能的 PWM 技术，保证了较高的电能质量。在额定并网状态下，输出电流的畸变率低于 2%；孤网状态下，输出电压的畸变率低于 0.5%，电压偏差低于 1%，可与低压 UPS 相媲美。图 4-10 为电能质量测试结果。

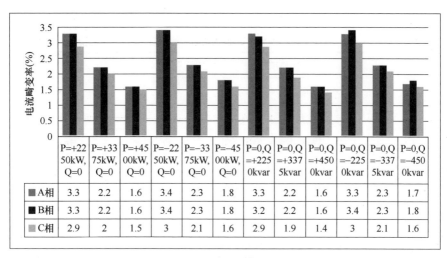

	P=+22 50kW, Q=0	P=+33 75kW, Q=0	P=+45 00kW, Q=0	P=−22 50kW, Q=0	P=−33 75kW, Q=0	P=−45 00kW, Q=0	P=0,Q =+225 0kvar	P=0,Q =+337 5kvar	P=0,Q =+450 0kvar	P=0,Q =−225 0kvar	P=0,Q =−337 5kvar	P=0,Q =−450 0kvar
■A相	3.3	2.2	1.6	3.4	2.3	1.8	3.3	2.2	1.6	3.3	2.3	1.7
■B相	3.3	2.2	1.6	3.4	2.3	1.8	3.2	2.2	1.6	3.4	2.3	1.8
■C相	2.9	2	1.5	3	2.1	1.6	2.9	1.9	1.4	3	2.1	1.6

图 4-10　电能质量测试结果

4.1.3.4　能量转换效率

级联拓扑结构输出电平多，电压电流波形好，减小了滤波器体积和损耗，提高了效率。PCS 能量转换效率达到了 98% 以上（见图 4-11）。级联式能量转换系统不仅自身能量转换效率高，而且省去了升压变压器，可将整体储能系统综合效率提升 2% 以上。

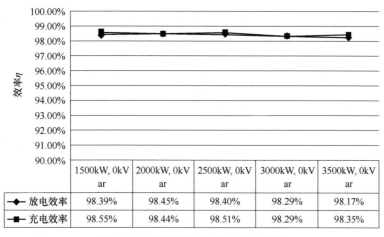

	1500kW, 0kV ar	2000kW, 0kV ar	2500kW, 0kV ar	3000kW, 0kV ar	3500kW, 0kV ar
◆ 放电效率	98.39%	98.45%	98.40%	98.29%	98.17%
■ 充电效率	98.55%	98.44%	98.51%	98.29%	98.35%

图 4-11　PCS 能量转换效率测试结果

4.1.3.5 系统响应速度

通过有功功率与无功功率实时四象限解耦与控制技术可以有效解决储能系统并网运行过程中有功功率和无功功率的独立控制与快速调节问题，且与低压储能方案相比，不需升压变压器，使得响应速度更快。在削峰填谷、调峰调频等应用场合，可以快速有效平抑有功波动、改善电能质量。工况转换测试时间如表 4-2 所示。

表 4-2 PCS 工况转换时间测试数据表

序号	工作项目	工况转换时间
1	0 功率运行转 4.5MW 充电	2ms
2	4.5MW 充电转 4.5MW 放电	3ms
3	4.5MW 放电转 4.5MW 充电	4ms
4	4.5MW 充电转 0 功率运行	2ms
5	0 功率运行转 4.5MW 放电	2ms
6	4.5MW 放电转 0 功率运行	2.5ms
7	0 功率运行转 4.5Mvar 吸无功	2ms
8	4.5Mvar 吸无功转 4.5Mvar 发无功	3.5ms
9	4.5Mvar 发无功转 0Mvar 吸无功	2ms
10	4.5Mvar 吸无功转 0Mvar 发无功	2ms
11	0 功率运行转 4.5Mvar 发无功	2ms
12	4.5Mvar 发无功转 0 功率运行	2ms

4.2 锂离子电池储能系统建模与仿真

4.2.1 电池储能系统暂态模型

在本节中，分别对电池和 PCS 进行详细建模。其中，电池模型将介绍电池单体的电路模型及参数的辨识方法，及电池单体串并联后的等效电路及参数。对于 PCS 的不同控制模式，将分别对其控制部分进行建模。

4.2.1.1 电池单体模型

为了反映电池的 $U\text{-}I$ 特性，采用了较广泛应用的 PNGV 电路模型对电池单体进行建模，PNGV 模型具有物理意义，能够反映电池的实际工作特性，适用于锂离子、铅酸等多种电池的仿真。PNGV 模型和参数确定如图 4-12 所示。其中，U_{oc} 为理想电压源，表示电池开路电压；R_p 为极化电阻；C_p 为极化电阻的并联电容；R_o 为电池欧姆内阻；C_b 为一电容，反映开路电压随充放电的变化量，该模型忽略了电池在长时间静置状态下的能量损失。

上述需要辨识的参数与电池的充放电电流、SOC、温度、循环次数等因素相关。为了降低模型的复杂程度，本模型中只考虑 SOC 对参数的影响，并通过查表法建立模型，如图 4-12b 所示。图 4-12a 所示的电路通过式（4-1）和式（4-2）所示的状态方程建立模型，得出充（放）电过程中动力电池电压、电流、功率的变化。

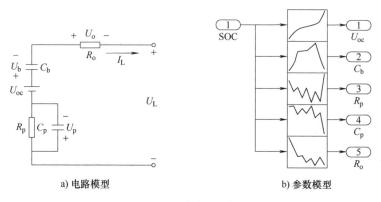

a) 电路模型　　　　　　　　　　　b) 参数模型

图 4-12　PNGV 模型和参数确定

$$\begin{bmatrix} \dot{U}_b \\ \dot{U}_p \end{bmatrix} = \begin{bmatrix} 0 & 0 \\ 0 & -\dfrac{1}{C_p R_p} \end{bmatrix} \begin{bmatrix} U_b \\ U_p \end{bmatrix} + \begin{bmatrix} \dfrac{1}{C_b} \\ \dfrac{1}{C_p} \end{bmatrix} \begin{bmatrix} I_L \end{bmatrix} \qquad (4\text{-}1)$$

$$U_L = \begin{bmatrix} -1 & -1 \end{bmatrix} \begin{bmatrix} U_b \\ U_p \end{bmatrix} - R_o I_L + U_{oc} \qquad (4\text{-}2)$$

另外，MATLAB/Simulink 7.11.0 中带有电池模型，如图 4-13 所示，其在电池出厂参数的基础上，对电池端电压方程参数进行辨识，由于无法获取该模型的内部辨识方法，该模型未被本例采纳。

4.2.1.2　电池参数离线辨识方法及实验

1. 参数辨识方法

如前所述，电路模型各参数与 SOC、电流、温度、循环次数等因素密切相关，本模型仅考虑 SOC 对各参数的影响，采用恒定电流脉冲试验。本报告根据

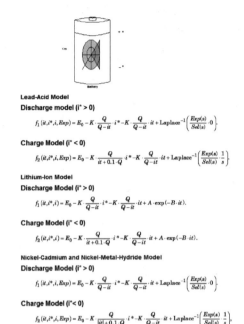

Lead-Acid Model

Discharge model (i* > 0)

$$f_1(it,i^*,i,Exp) = E_0 - K \cdot \frac{Q}{Q-it} \cdot i^* - K \cdot \frac{Q}{Q-it} \cdot it + Laplace^{-1}\left(\frac{Exp(s)}{Sel(s)} \cdot 0\right).$$

Charge Model (i* < 0)

$$f_2(it,i^*,i,Exp) = E_0 - K \cdot \frac{Q}{it+0.1 \cdot Q} \cdot i^* - K \cdot \frac{Q}{Q-it} \cdot it + Laplace^{-1}\left(\frac{Exp(s)}{Sel(s)} \cdot \frac{1}{s}\right).$$

Lithium-Ion Model

Discharge Model (i* > 0)

$$f_1(it,i^*,i) = E_0 - K \cdot \frac{Q}{Q-it} \cdot i^* - K \cdot \frac{Q}{Q-it} \cdot it + A \cdot \exp(-B \cdot it).$$

Charge Model (i* < 0)

$$f_2(it,i^*,i) = E_0 - K \cdot \frac{Q}{it+0.1 \cdot Q} \cdot i^* - K \cdot \frac{Q}{Q-it} \cdot it + A \cdot \exp(-B \cdot it).$$

Nickel-Cadmium and Nickel-Metal-Hydride Model

Discharge Model (i* > 0)

$$f_1(it,i^*,i,Exp) = E_0 - K \cdot \frac{Q}{Q-it} \cdot i^* - K \cdot \frac{Q}{Q-it} \cdot it + Laplace^{-1}\left(\frac{Exp(s)}{Sel(s)} \cdot 0\right).$$

Charge Model (i* < 0)

$$f_2(it,i^*,i,Exp) = E_0 - K \cdot \frac{Q}{|it|+0.1 \cdot Q} \cdot i^* - K \cdot \frac{Q}{Q-it} \cdot it + Laplace^{-1}\left(\frac{Exp(s)}{Sel(s)} \cdot \frac{1}{s}\right).$$

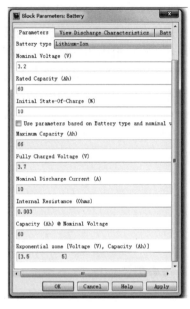

图 4-13　MATLAB/Simulink 7.11.0 中的电池模型

已有的研究，建立了两种参数辨识方法。辨识方法一，通过测量电池初始电压及获得开路电压、欧姆内阻，通过连续函数解析式，利用最小二乘法求得极化电阻和极化电容。辨识方法二，对状态方程进行离散化，获得对应差分方程，利用线性回归求得开路电压、欧姆内阻和极化内阻，再通过最小二乘法求得时间常数，从而获得极化电容。

（1）辨识方法一

Step1：假设电流源理想（I_L=常数），获得 $U_L(t)$ 的解析表达式：

$$U_L(t) = \begin{cases} U_{ocv} & t \leqslant t_0^-, \text{即电流加载前} \\[2mm] U_{ocv} - R_0 I_L & t = t_0^+, \text{即电流加载时刻} \\[2mm] U_{ocv} + R_p I_L e^{-\frac{t-t_0}{\tau}} - (R_0+R_p)I_L - \dfrac{I_L(t-t_0)}{C_b} & t_0 < t \leqslant t_1^-, \text{即电流加载阶段} \\[2mm] U_{ocv} - \dfrac{I_L(t_1-t_0)}{C_b} + R_p I_L e^{-\frac{t_1-t_0}{\tau}} - R_p I_L & t = t_1^+, \text{即电流撤离时刻} \\[2mm] U_{ocv} - \dfrac{I_L(t_1-t_0)}{C_b} - \left(R_p I_L e^{\frac{t_1-t_0}{\tau}} - R_p I_L\right) e^{-\frac{t-t_1}{\tau}} & t > t_1, \text{即电流撤离后} \end{cases}$$

$$(4-3)$$

Step2：由电流脉冲加载初始时刻电压的跃变值获得欧姆内阻 R_0：

$$R_0 = \frac{U_L(t_0) - U(t_0 - T)}{I_L(t_0)} \tag{4-4}$$

Step3：由两次脉冲前的开路电压差值获得 C_b

$$C_b = \frac{\sum\limits_{k=0}^{(t_1-t_0)/T-1} I_L(t_k) T}{U_L(t_0 - T) - U_L(t_2 - T)} \tag{4-5}$$

Step4：由电流脉冲撤离时刻与脉冲加载前时刻电压的差值获得直流内阻

$$R_p + R_0 \approx \frac{U_L(t_0 - T) - U_L(t_1 - T) - \dfrac{\sum\limits_{k=0}^{(t_1-t_0)/T-2} I_L(t_k) T}{C_b}}{I_L(t_1 - T)} \tag{4-6}$$

Step5：根据 $U_L(t)$ 的分段连续函数，由脉冲加载阶段及撤离时刻的采样数据，利用 MATLAB 最小二乘法函数 lsqcurvefit 获得 U_{ocv} 和 τ。

（2）辨识方法二

Step1：获得状态方程的传递函数：

$$sU_b(s) = \frac{1}{C_b} I_L(s) \tag{4-7}$$

$$sU_p(s) = -\frac{1}{\tau} U_p(s) + \frac{1}{C_p} I_L(s) \tag{4-8}$$

$$U_L(s) = \left[-\frac{1}{C_b s} - \frac{1}{C_p\left(s + \dfrac{1}{\tau}\right)} - R_0 \right] I_L(s) + U_{ocv}(s) \tag{4-9}$$

Step2：对式（4-7）进行离散化（tustin）得

$$U_b(k+1) = U_b(k) + \frac{T}{2C_b}\left[I_L(k+1) + I_L(k) \right] \tag{4-10}$$

对式（4-8）加零阶保持器（zoh）得

$$\frac{U_p(s)}{I_L(s)} = \frac{1}{C_p\left(s + \dfrac{1}{\tau}\right)} \rightarrow \frac{U_p(s)}{I_L(s)} = \frac{1 - e^{-sT}}{sC_p\left(s + \dfrac{1}{\tau}\right)} = (1 - e^{-sT}) R_p \left(\frac{1}{s} - \frac{1}{s + 1/\tau} \right)$$

对上式进行 Z 变换

$$\frac{U_p(z)}{I_L(z)} = (1 - z^{-1}) R_p \left(\frac{z}{z-1} - \frac{z}{z - e^{-T/\tau}} \right) = \frac{(1 - e^{-T/\tau}) R_p}{z - e^{-T/\tau}} \tag{4-11}$$

得差分方程：

$$U_p(k+1) = e^{-T/\tau} U_p(k) + R_p I_L(k+1) - e^{-T/\tau} R_p I_L(k+1) \tag{4-12}$$

由式（4-2）得

$$U_L(k+1) = -U_b(k+1) - R_0 I_L(k+1) - R_p I_p(k+1) + U_{ocv} \qquad (4-13)$$

给定 τ，按照式（4-13）描述的差分方程，利用线性回归函数 regress（ ）求得 R_0、R_p、U_{ocv}，根据误差结果再对 τ 进行修正。

2. 电池测试实验

针对某厂家 180Ah 磷酸铁锂电池模块（由 3 个 60Ah 电池单体并联）进行了测试，共 12 个电池模块，分为两组测试。实验步骤如下：

1）20℃下，对各模块进行一次满充-满放，标定各模块的容量；

2）20℃下，按照表 4-3 的目标调整各电池模块的 SOC；

3）各模块在 20℃下，进行 10 次恒定脉冲放电实验。脉冲电流量顺序为：54A（0.3C），126A（0.7C），18A（0.1C），90A（0.5C），72A（0.4C），180A（1C），108A（0.6C），144A（0.8C），36A（0.2C），162A（0.9C）。各脉冲持续时间为 10s，脉冲时间间隔为 60s。

测量包括各电池模块的端电压（V）、电流（A），测量间隔为 1s。

表 4-3　各电池模块初始 SOC

模块编号	初始 SOC	标定容量/mAh	模块编号	初始 SOC	标定容量/mAh
A01	0.4	191771.3	A07	0.4	192659.0
A02	0.4	191718.7	A08	0.4	192365.7
A03	0.6	192770.9	A09	0.6	192306.3
A04	0.6	192614.8	A10	0.6	193044.1
A05	0.8	193210.4	A11	0.8	196079.8
A06	0.8	192812.3	A12	0.8	193715.5

3. 参数辨识结果

由于涉及多次不同电流下的脉冲测试，此处应用参数辨识方法二，以实验数据为样本，分别对各模块参数进行辨识，辨识结果数据如表 4-4 所示，电池单体电压实际测试数据与辨识数据的对比如图 4-14 所示。

表 4-4　各电池模块参数辨识结果

模块编号	R_0/mΩ	R_p/mΩ	C_p/kF	τ	C_b/kF	U_{ocv}/V	判定系数 R^2
A01	0.87768	0.41909	0.071583	30	0.69544	3.298476	0.998846
A02	0.62614	0.41840	0.076481	32	0.71571	3.300588	0.998203
A03	0.64952	0.38608	0.077703	30	0.66511	3.305743	0.998086

（续）

模块编号	$R_0/\text{m}\Omega$	$R_\text{p}/\text{m}\Omega$	C_p/kF	τ	C_b/kF	U_ocv/V	判定系数 R^2
A04	0.62924	0.42427	0.075423	32	0.67844	3.304455	0.997762
A05	0.56078	0.42879	0.081625	35	0.79258	3.335204	0.996993
A06	0.57008	0.42251	0.068637	29	1.4244	3.329962	0.998575
A07	0.15314	0.22294	0.058311	13	−3.7934	3.284208	0.866993
A08	0.61884	0.41625	0.76877	32	0.67245	3.29949	0.997631
A09	0.62894	0.42840	0.79365	34	0.64390	3.304197	0.997055
A10	0.63702	0.42113	0.78361	33	0.63349	3.305955	0.998039
A11	0.33971	−0.52381	−0.66818	35	2.6065	3.314359	0.853472
A12	0.60040	0.44117	0.72534	32	0.76811	3.335885	0.997579

注：A07 和 A11 无法获得可靠的辨识结果，可能由于实验测试中引入的杂散电阻和电感导致。

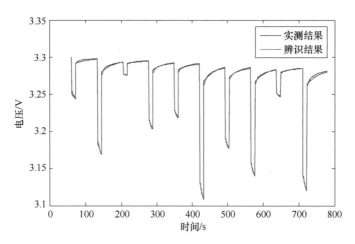

图 4-14　电池电压实测与辨识结果对比（A01）（彩图见书后）

4.2.1.3　电池串并联等效模型

为了达到预期的电压和容量，需要对电池单体进行串并联，目前存在先并后串、先串后并两种成组方式。若忽略电池单体的不一致性，利用复频域等效变换，可以证实，无论先串后并还是先并后串，电池组的等效电路模型都是相同的，都可以描述为电压源带一阻抗的形式，如图 4-15 所示。

设电池组串联数为 n_s，并联数为 n_p，则有

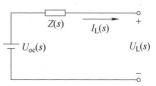

图 4-15　电池组复频域等效电路

$$U_L(s) = -\frac{n_s}{n_p} Z(s) I_L(s) + n_s U_{oc}(s) \tag{4-14}$$

其中，$Z(s)$ 为电池单体的阻抗：

$$Z(s) = R_0 + R_p // \frac{1}{sC_p} + \frac{1}{sC_b} = \frac{s^2 C_b C_p R_p R_0 + s(R_p C_b + R_0 C_p + R_p C_p) + 1}{sC_b(1 + sR_p C_p)} \tag{4-15}$$

因此，若忽略电池单体一致性差异，可由电池单体样品的参数辨识结果，获得电池组的模型参数。

4.2.1.4 电池模型的建立

按照前述电路模型和参数辨识方法，本节利用 MATLAB S 函数建立了电池模型。为了区分充放电时的电路参数，分别考虑在一定初始 SOC 下进行充电、放电实验。电池模型的参数包括基本参数、充电实验数据、放电实验数据、开路电压-SOC 实验数据，如图 4-16 所示。

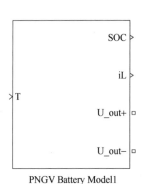

PNGV Battery Model1

a) 模型界面

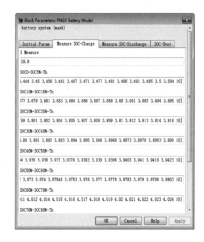

b) 参数界面

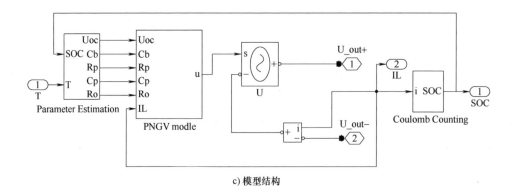

c) 模型结构

图 4-16　电池模型

其中，基本参数包括电池初始 SOC、可用 Ah 容量。SOC-Uocv 实验数据为保留可选参数，用于由开路电压计算值估计电池的 SOC，本模型中采用了库仑计数法计算 SOC。

4.2.1.5　PCS 的建模

1. 电路部分模型

在大规模储能系统中，PCS 常采用模块化设计，如图 4-17 所示为多个标准功率模块并联形成一个较大容量的储能单元，再通过内部隔离变压器接入电网。本节对单功率模块进行建模。标准功率模块采用三相 PWM 整流，其主电路如图 4-18 所示。

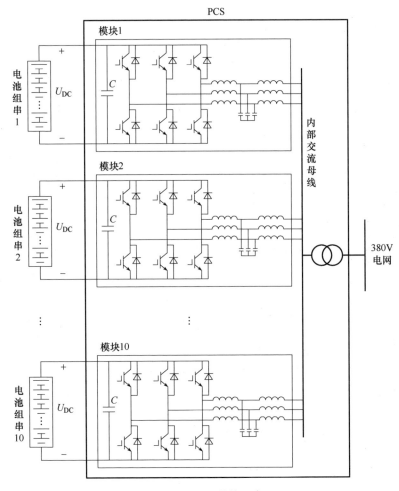

图 4-17　PCS 结构示意

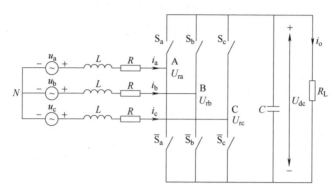

图 4-18　三相 PWM 整流主电路

定义单极性二值逻辑开关函数 S_k 为

$$S_k = \begin{cases} 1 & \text{上桥臂导通,下桥臂关断} \\ 0 & \text{下桥臂导通,上桥臂关断} \end{cases} \quad (k=\text{a,b,c})$$

则采用单极性二值逻辑函数描述的三相 PWM 在静止坐标系下的数学模型的状态变量表达式为

$$Z\dot{X}=AX+BE$$

$$
\begin{bmatrix} L & 0 & 0 & 0 \\ 0 & L & 0 & 0 \\ 0 & 0 & L & 0 \\ 0 & 0 & 0 & C \end{bmatrix}
\begin{bmatrix} \dot{i}_a \\ \dot{i}_b \\ \dot{i}_c \\ \dot{u}_{dc} \end{bmatrix}
=
\begin{bmatrix}
-R & 0 & 0 & -\left(S_a-\dfrac{1}{3}\displaystyle\sum_{k=a,b,c}S_k\right) \\
0 & -R & 0 & -\left(S_b-\dfrac{1}{3}\displaystyle\sum_{k=a,b,c}S_k\right) \\
0 & 0 & -R & -\left(S_c-\dfrac{1}{3}\displaystyle\sum_{k=a,b,c}S_k\right) \\
S_a & S_b & S_c & 0
\end{bmatrix}
\begin{bmatrix} i_a \\ i_b \\ i_c \\ u_{dc} \end{bmatrix}
+
$$

$$
\begin{bmatrix} 1 & 0 & 0 & 0 \\ 0 & 1 & 0 & 0 \\ 0 & 0 & 1 & 0 \\ 0 & 0 & 0 & -1 \end{bmatrix}
\begin{bmatrix} U_a \\ U_b \\ U_c \\ i_o \end{bmatrix}
\tag{4-16}
$$

2. 控制部分模型

根据目前储能系统的主要应用方式,PCS 控制方法可分为 PQ 控制、VF 控制和下垂(Droop)控制。3 种控制方法均采用内环电流控制,区别在于外环控制。

(1) PQ 控制

采用 PQ 控制的主要目的是使 PCS 输出的有功功率和无功功率等于其参考功率,即当 PCS 所连接交流网络系统的频率和电压在允许范围内变化时,PCS 输出的有功功率和无功功率保持不变。PQ 控制示意图如图 4-19 所示。

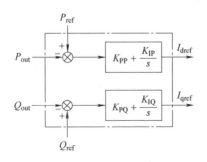

图 4-19　PQ 控制示意图

对三相瞬时值电流 i_{abc} 与三相瞬时值电压 u_{abc} 进行 Park 变换后，得到 dq 轴分量 i_{dq}、u_{dq}，进而获得瞬时功率，所得的瞬时功率 P_{out} 和 Q_{out} 与所给定的"参考信号" P_{ref} 与 Q_{ref} 进行比较，并对误差进行 PI 控制，从而得到内环控制器的参考信号 I_{dref} 与 I_{qref}。

（2）VF 控制

采用 VF 控制的主要目的是不论 PCS 输出的功率如何变化，PCS 所接交流母线的电压幅值和系统输出的频率维持不变。该种控制方式主要应用于储能作为孤岛主电源时，处于该种控制方式下的储能为系统提供电压和频率支撑，相当于常规电力系统中的平衡节点。VF 控制示意图如图 4-20 所示。

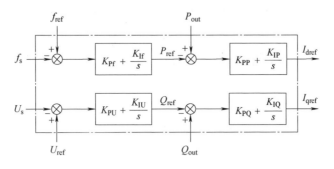

图 4-20　VF 控制示意图

由锁相环输出的系统频率 f_s 与参考频率 f_{ref} 相比较，通过 PI 调节器形成有功功率的参考信号 P_{ref}，电压 U_s 与参考电压 U_{ref} 相比较，通过 PI 调节器形成无功功率的参考信号 Q_{ref}。再通过有功功率和无功功率参考信号形成电流环控制的参考信号 I_{dref} 与 I_{qref}，确保系统的频率和所接交流母线处的电压幅值分别等于其参考值。

（3）下垂（Droop）控制

下垂控制方法基本思想是通过储能系统输出的有功功率和无功功率的测量

值，利用相关下垂特性确定频率和电压幅值的参考值。可以分为基于 f-P 和 V-Q 的下垂控制和基于 P-f 和 Q-V 的下垂控制方法。下垂控制示意图如图 4-21 所示。

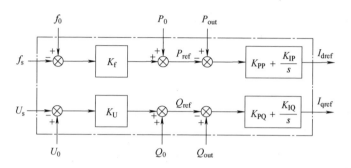

图 4-21　下垂控制示意图

　　基于 f-P 和 V-Q 的下垂控制方法，通过系统频率和储能系统所接交流母线处电压幅值的测量值，利用相关的下垂特性确定储能系统有功功率和无功功率的输出参考值，进而得到内环控制器的参考信号 I_{dref} 与 I_{qref}。

　　（4）电流内环控制

　　三相瞬时值电流 i_{abc} 经 Park 变换后变换为 dq 轴分量 i_{dq}，与外环控制器输出的参考信号 I_{dref} 与 I_{qref} 进行比较。并对误差进行 PI 控制，同时限制逆变器输出的最大电流，并通过电压前馈补偿和交叉耦合补偿，输出电压控制信号 P'_{md} 与 P'_{mq}。该控制信号经过模值限制器的限制作用，输出真正的调制信号 P_{md} 与 P_{mq}。在上述控制方式中，电压前馈补偿与交叉耦合补偿的主要目的是将并网方程中的分量解耦，分别进行控制，但实际补偿时难以实现完全补偿，也可采取解耦方式的电流闭环控制。电流内环控制如图 4-22 所示。

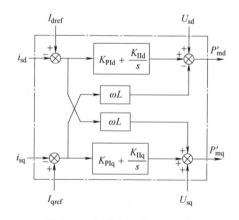

图 4-22　电流内环控制示意图

3. 模型建立

采用 MATLAB/Simulink 建立主电路模型和闭环控制模型，表 4-5 为各模块的输入量、输出量及设定参数。

表 4-5　各模块输入量、输出量及设定参数

主电路	输入量	U_a、U_b、U_c、P_{ma}、P_{mb}、P_{mc}、i_o
	输出量	i_a、i_b、i_c、u_{dc}、i_o
	参数	L、C、U_{o_ini}、R
PQ	输入量	U_d、U_q、i_d、i_q、P_{ref}、Q_{ref}
	输出量	I_{dref}、I_{qref}
	参数	K_{PP}、K_{IP}、K_{PQ}、K_{IQ}
VF	输入量	U_d、U_q、i_d、i_q、f_s、U_s、f_{ref}、U_{ref}
	输出量	I_{dref}、I_{qref}
	参数	K_{Pf}、K_{If}、K_{PU}、K_{IU}、K_{PP}、K_{IP}、K_{PQ}、K_{IQ}
Droop	输入量	U_d、U_q、i_d、i_q、f_s、U_s、f_0、U_0、P_0、Q_0
	输出量	I_{dref}、I_{qref}
	参数	K_f、K_U、K_{PP}、K_{IP}、K_{PQ}、K_{IQ}
I	输入量	U_d、U_q、i_d、i_q、I_{dref}、I_{qref}
	输出量	P'_{md}、P'_{mq}
	参数	K_{PId}、K_{IId}、K_{PIq}、K_{IIq}、ω、L

所建立的 PCS 模型如图 4-23 所示。

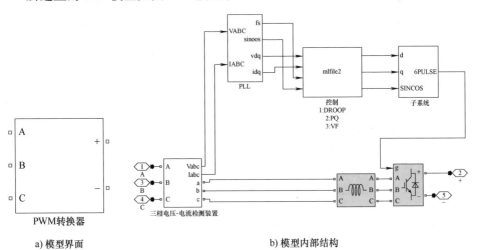

　　　　a) 模型界面　　　　　　　　　　　　　　b) 模型内部结构

图 4-23　PCS 模型

以 PQ 控制模式为例，按照以下参数对 PCS 进行仿真：

$U_{dc} = 700\text{V}$，$P_{ref} = -15000\text{W}$，$Q_{ref} = 0\text{var}$，

$K_{PP} = 0.5$，$K_{IP} = 0.01$，$K_{PQ} = 0.5$，$K_{IQ} = 0.01$，

$K_{PId} = 10$，$K_{IId} = 160$，$K_{PIq} = 10$，$K_{IIq} = 160$。

逆变出的三相电压电流如图 4-24 所示，电流与电压反向。

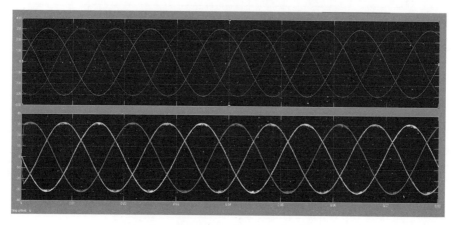

图 4-24　PCS 仿真结果（PQ 控制模式）

4.2.2　电池储能系统稳态模型

　　电池储能系统的稳态模型用于长时间尺度（分钟乃至小时级以上）的仿真。在长时间尺度的应用中，电池储能系统处于 PQ 控制模式，即按照上级系统发送的功率控制命令进行响应。在稳态模型中，电池的暂态响应过程、PCS 暂态过程将被忽略，仅考虑系统对 PQ 指令的执行策略。此处利用 MATLAB/Simulink 建立了电池储能系统的稳态模型。该稳态模型的接口界面和参数如图 4-25 所示。

　　在电池储能系统稳态模型中，A、B、C 端口为三相交流电气并网接口，Vabc 为并网三相电压的实时采样输入端口，PQ 为上级对电池储能系统的有功功率、无功功率实时出力指令输入端口，SOC 为电池组的荷电状态输出端口，m 为测量值输出端口（包括并网点正序电压标幺值、有功功率参考值、无功功率参考值）。电池储能系统的界面输入参数依次为：PCS 的额定容量（kVA）、PCS 的过载倍数、PCS 的效率、额定工作线电压（V）、额定工作频率（Hz）、电池组额定容量（kWh）、允许的最大 SOC、允许的最小 SOC、电池组初始 SOC、电池组充电效率及放电效率。

　　模型的工作原理如图 4-26 所示，系统接收到 PQ 控制指令后，通过计算和逻辑判断，对控制指令进行处理后生成目标指令 P_{ref}、Q_{ref}。通过并网点三相电压的正

序分量计算生成输出电流，储能系统将按照 P_{ref}、Q_{ref} 向并网点吸收或发出功率。

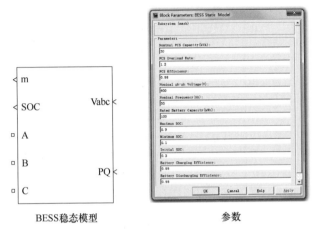

图 4-25　电池储能系统稳态模型的接口界面和参数

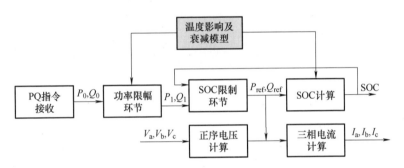

图 4-26　电池储能系统静态模型基本原理示意图

其中，SOC 的计算考虑 PCS 的工作效率及电池组的充放电效率，SOC 的变化与 P_{ref} 呈线性关系，如式（4-17）所描述。

$$\text{SOC}(t+\Delta t) = \begin{cases} \text{SOC}(t) + P_{\text{ref}}\Delta t/Eff_{\text{PCS}}/Eff_{\text{Bat\_discharging}}/Q_{\text{avail}}, P_{\text{ref}}<0 \\ \text{SOC}(t) + P_{\text{ref}}\Delta t Eff_{\text{PCS}}Eff_{\text{Bat\_charging}}/Q_{\text{avail}}, P_{\text{ref}}>0 \end{cases} \quad (4\text{-}17)$$

式中，Q_{avail} 为当前电池的可用容量，即电池可放出的最大电量；Q_{avail} 可设定为电池组额定容量、环境温度、循环次数等变量的函数，在长时间的仿真中，应考虑这些因素的影响，本模型中提出温度系数 f_{T}、寿命折损系数 f_{SOL}，假设 Q_{avail} 与当前温度系数、寿命折损系数成正比，如式（4-18）所示。关于温度系数、寿命折损系数本模型中留出接口，其定义和算法尚有待深入研究。

$$Q_{\text{avail}} = f_{\text{T}} f_{\text{SOL}} Q_{\text{rated}} \quad (4\text{-}18)$$

此处采用简单系统对电池稳态模型进行验证（见图 4-27），采用理想电压源带本电池模型，1s 时，PQ 指令由−10kW/−5kvar 跃变为 30kW/15kvar。

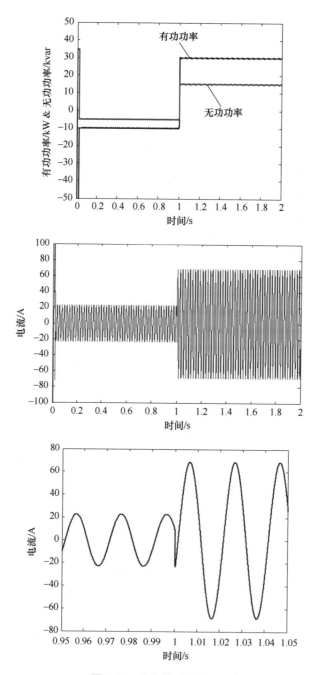

图 4-27　稳态模型的校验

可以看出，在该稳态模型中，忽略了电池储能系统向并网点注入的直流及谐波分量，并忽略了其动态响应过程。该模型也是电池储能系统的理想模型。

4.2.3　大容量锂离子电池储能系统仿真

4.2.3.1　大容量锂离子电池储能系统仿真模型

在 MATLAB/Simulink 软件中搭建百千瓦级电池模型，如图 4-28 所示。将此模型并联即可获得不同容量的电池储能系统模型，不同电池储能系统的容量特性可通过设定电池标称容量而实现，如图 4-29 所示为一个 MW 级锂离子电池储能系统的仿真模型。

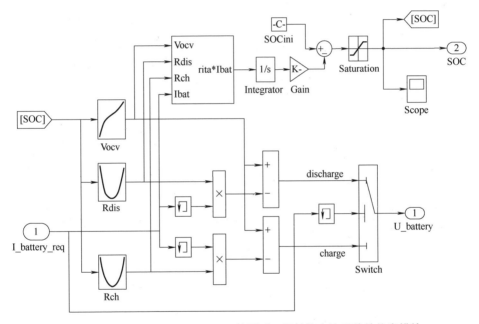

图 4-28　基于 MATLAB/Simulink 的百千瓦级储能电池系统的仿真模块

4.2.3.2　储能系统仿真模型与实际系统出力结果的对比分析

本节通过对比分析基于电池储能系统模型的仿真结果与基于实际电池储能系统运行的实验结果，论证本研究所提出的电池储能系统模型的准确性。

1. 电池储能系统提高风电场跟踪风电预测功率能力的实验

本部分基于电池储能系统提高风电场跟踪风电预测功率能力的应用实验，对比分析储能系统仿真模型与储能系统实际出力的差别。图 4-30 为跟踪风电预测功率实验中的控制效果图，图 4-31 为储能系统总功率实际与仿真曲线，图 4-32 为各储能单元 SOC 实际与仿真曲线，图 4-33 为各储能单元功率实际与仿真曲线。

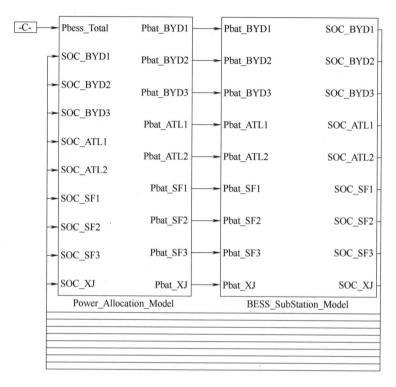

图 4-29　基于 MATLAB/Simulink 的 MW 级锂离子电池储能系统的仿真模型

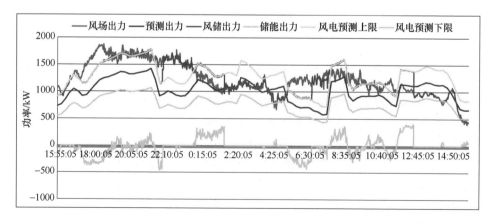

图 4-30　控制效果图（彩图见书后）

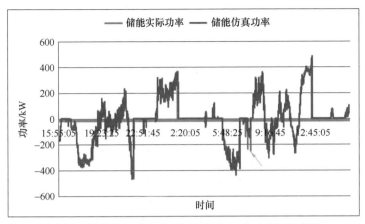

图 4-31　储能系统总功率实际与仿真曲线（彩图见书后）

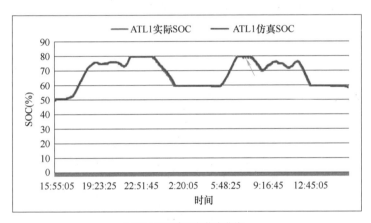

a) ATL1 SOC实际与仿真曲线

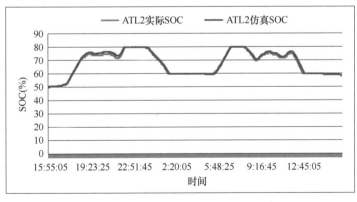

b) ATL2 SOC曲线

图 4-32　各储能单元 SOC 实际与仿真曲线（彩图见书后）

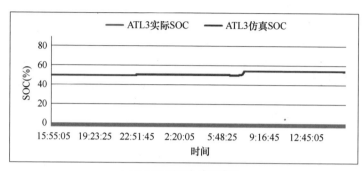

c) ATL3 SOC实际与仿真曲线

图 4-32 各储能单元 SOC 实际与仿真曲线（彩图见书后）（续）

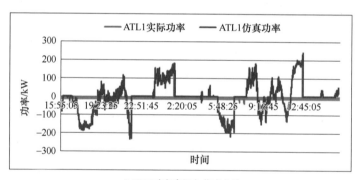

a) ATL1功率实际与仿真曲线

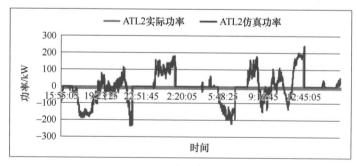

b) ATL2功率实际与仿真曲线

图 4-33 各储能单元功率实际与仿真曲线（彩图见书后）

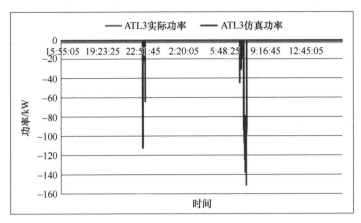

c) ATL3功率实际与仿真曲线

图 4-33　各储能单元功率实际与仿真曲线（彩图见书后）（续）

对比分析：

由图 4-32 可以看出储能实际功率输出与储能仿真功率输出曲线基本一致，其中箭头所指部分两者偏差较大。结合图 4-33（ATL1 单元 SOC 变化曲线）可以看出，在绿色箭头所指的相同位置，ATL1 实际 SOC 有一定波动，短暂地低于80%，导致实际充电功率大于仿真充电功率。此波动为 ATL 设备自身原因所致。

2. 电池储能系统限制风电出力的实验

本部分基于电池储能系统限制风电出力的应用实验，对比分析储能系统仿真模型与储能系统实际出力的差别。图 4-34 为控制效果图，图 4-35 为储能系统总功率实际与仿真曲线的对比，图 4-36 为各储能单元 SOC 实际与仿真曲线，图 4-37 为各储能单元功率实际与仿真曲线。

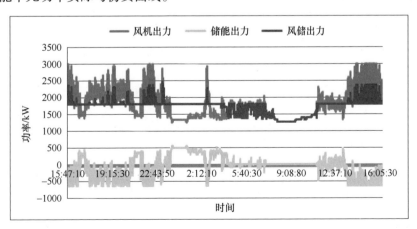

图 4-34　控制效果图（彩图见书后）

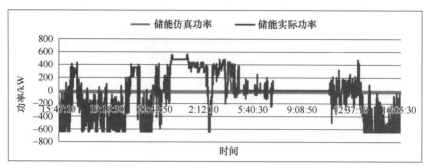

图 4-35　储能系统总功率实际与仿真曲线（彩图见书后）

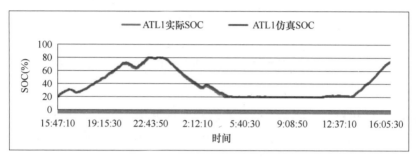

a) ATL1 SOC实际与仿真曲线

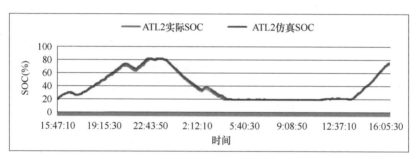

b) ATL2 SOC实际与仿真曲线

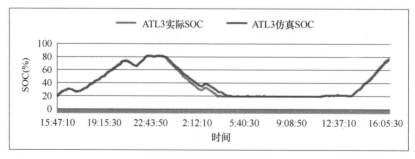

c) ATL3 SOC实际与仿真曲线

图 4-36　各储能单元 SOC 实际与仿真曲线（彩图见书后）

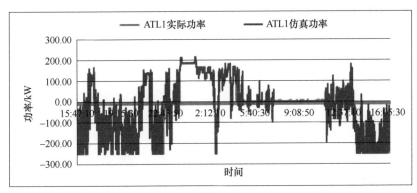

a) ATL1功率实际与仿真曲线

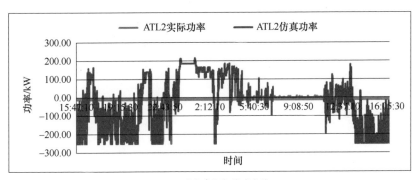

b) ATL2功率实际与仿真曲线

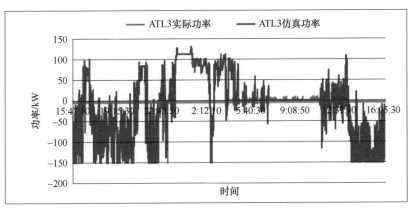

c) ATL3功率实际与仿真曲线

图 4-37　各储能单元功率实际与仿真曲线（彩图见书后）

对比分析：

由图 4-36 和图 4-37 可以看出，储能总功率输出曲线、各储能单元 SOC 变化曲线、各储能单元功率输出曲线的实际与仿真结果基本一致，但在储能电池 SOC

接近80%或20%时，由于储能设备SOC和仿真计算的储能SOC略有偏差，会出现实际测试与模拟仿真结果有偏差的现象。

4.2.4 小结

通过对比分析两种实验模式下，储能总功率输出曲线、各储能单元SOC变化曲线、各储能单元功率输出曲线，可以看出，电池储能系统实际与仿真结果基本一致，其中部分地方稍有偏差，主要集中在储能电池SOC上限（SOC为80%）以及下限（20%）处，此时电池等相关设备状态有一定波动，导致实际与仿真存在一定的偏差。

第5章

锂离子电池储能电站监控与能量管理技术

5

5.1 锂离子电池储能电站监控技术

5.1.1 电池储能电站监控架构

5.1.1.1 电池储能电站及其监控系统特点

1. 电池储能设备及其特点

电池储能电站中一般由多个电池储能子系统并联集成。电池储能系统主要由电池系统、电池管理系统（BMS）及储能变流器（PCS）组成。电池系统是实现电池储能系统电能存储和释放的主要载体，一般由电池单体经过串并联组成；电池管理系统是用于监测、评估及保护电池运行状态的电子设备集合，具备监测功能、运行报警功能、保护功能、自诊断功能、均衡管理功能、参数管理功能和本地运行状态显示功能等；储能变流器（PCS）是电网与电池连接的桥梁，实现电能从电网到电池及电池到电网的双向流动。

电池储能系统中电池单体数量多，且每个电池单体均需采集电压、温度等信息，导致电池储能监控系统具有监控对象多、数据量大的特点。并且电池储能电站需具备多种应用模式，如平抑新能源出力波动、跟踪计划发电、削峰填谷、调频等，尤其在调频模式下，对电池储能电站的出力响应速度要求较高。

2. 电池储能电站监控特点及要求

（1）监控对象多、信息量大

电池储能监控除常规供配电设备监控外，还包括储能变流器（PCS）、电池管理系统（BMS）。根据电池的成组方式不同，若干电池单体并联组成一个电池模块，多个电池模块串联组成一个电池组，而多个电池组又并联组成一个储能分系统。对于一个 1MW 的电池储能电站，需监测的电池模块数量为 6000~8000 个，BMS 需采集并上送电池组的电流及各电池单体的电压、温度等信息，还需上送电池单体 SOC、电池组 SOH 等计算信息以及各种故障告警信息和保护动作信号。监控对象多、数据量大，对监控系统的组网及性能提出了更高的要求。

（2）控制策略复杂

电池储能电站主设备变流器的运行方式灵活，可四象限运行，可实现备用电源、调峰调频、削峰填谷、无功支撑、孤岛运行、黑启动、电能质量改善等功能。储能电站监控系统应在运行过程中考虑在不同运行模式下的控制策略。

（3）响应速度要求高

电池储能电站变流器工况和转换时间均在几十毫秒，电能质量改善、调峰调频、无功支撑等控制策略均需监控系统根据当前实时运行信息，或做出预判，或立刻做出响应。

（4）保护配置分层分级

整个电池储能电站的保护按照范围从上至下可分为配电保护、PCS 保护、BMS 保护 3 层。其中，配电保护旨在对进站馈线及站内变压器进行保护；PCS 保护旨在对 PCS 本身及对应的储能分系统进行保护；BMS 保护旨在保护电池本身的安全，可在过充、过温、过放等情况下及时断开主回路。

5.1.1.2 监控系统网络结构

根据储能系统的特点，一方面储能系统具有跟踪计划调度、平滑风光发电等功能，该功能要求储能系统的具有高实时性控制，能够满足系统功能要求；另一方面，储能系统具有数十万至百万级别的电池单体数据，该数据对电池储能系统的性能研究具有重要的作用，也需要在监控系统监测并存储。采用控制网与监测网双网传输理念，控制网传输监控系统重要信息量完成信息传输与控制功能，监测网传输大量电池单体的温度、电压、电流等信息，经过实际应用表明，双网传输模式不仅全面监视了电池的状态信息，还能保证电池储能系统实时快速的响应特性。

监控系统通常采用分层分布式结构，扩充性好，安装方便。储能电站监控系统网络架构设计方案如图 5-1 所示。

如图 5-1 所示，储能电站监控系统一般由站控层、就地监控层和设备层组成。站控层提供储能系统运行各系统的人机界面，实现相关信息的收集和实时显示，设备的远程控制，数据的存储、查询和统计等，并可与上层调度及其他相关系统通信。就地监控层采集储能系统中储能电池、变流器的运行状态及运行数据，上传至站控层，也可执行就地的控制策略。设备层包括 BMS、PCS 等，采集电池储能系统信息并上传，PCS 接受站控层的控制指令，从而执行相应的控制策略。

5.1.1.3 监控系统设备配置

监控系统设备由站控层设备、就地监控层设备以及网络设备构成。

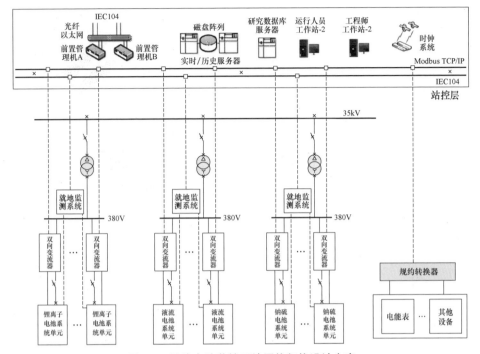

图 5-1 储能电站监控系统网络架构设计方案

通常，站控层设备布置在储能电站主控制楼内的计算机室及主控制室内，应能满足整个系统的功能要求及性能指标要求，主机容量应与监控系统控制采集的设计容量相适应，并留有扩充裕度；就地监控层设备布置在电池储能系统侧，按电池储能系统的实际规模配置。

站控层硬件设备应具有扩展性与通用性，各设备相互独立，任一设备发生故障时不影响其他设备的正常工作。主要设备包含：前置管理机、服务器、工作站、显示器、网络交换机、磁盘阵列、UPS（不间断电源）、站控层网络设备等。

就地监控层设备包含 I/O 测控装置、继电保护装置、网络设备以及与站控层网络的接口设备等。测控装置均按一次设备的布置进行配置。

网络设备包含网络交换机及其他网络设备，如光/电转换器、接口设备（光纤接线盒）、网络连接线、电缆、光缆等。网络交换机网络传输速率大于或等于100Mbit/s，应经过国家或电力工业检验测试中心检测，支持交流、直流供电，电口和光口数量应满足储能电站应用要求。

5.1.2 锂离子电池储能电站监控软件结构

5.1.2.1 监控软件的主要组成部分及总体结构

锂离子电池储能电站监控系统软件应包括系统软件、支撑软件和应用软件等。系统软件可控制和协调计算机及外部设备，支持应用软件开发和运行的系统。支撑软件是支撑各种软件的开发与维护的软件，如环境数据库、各种接口软件和工具组。储能监控系统也根据实际需求开发了多种应用软件，如数据采集软件、数据处理软件、支持储能系统并网应用的削峰填谷软件、调频软件、跟踪计划软件、平滑功率波动软件等。

储能电站监控系统的站控层软件平台建立在操作系统和关系数据库等系统软件的基础上，软件架构如图 5-2 所示，一般包括平台层、服务层及应用层三大部分。

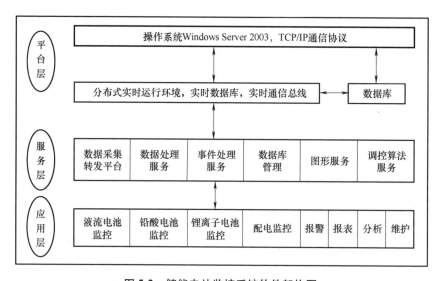

图 5-2 储能电站监控系统软件架构图

监控系统硬件冗余只是在结构上保证了故障下网络状态的稳定，而建立在硬件基础上的操作系统及应用程序系统也需要实现冗余，这样才能有效防止故障，防止异常事件发生，所以监控系统中的双机冗余均需要在内部运行的软件上实现软件冗余。

储能电站就地监控层软件包括与各 PCS 的通信软件、各 PCS 的本地数据管理软件、PCS 本地控制软件、故障诊断软件、操作软件及调试软件等。

5.1.2.2 锂离子电池储能电站应用软件功能需求

锂离子电池储能电站监控系统软件具有能量管理和协调控制的功能。通过分析储能系统运行数据和历史数据，储能电站监控系统能多角度在线评估储能系统的健康状态，从而实现对储能系统的能量管理。同时，通过风光功率平滑、跟踪计划发电、削峰填谷、系统调频等多种实时调度的实现，达到对储能系统协调控制的目的。

1. 风光功率平滑

风光功率平滑功能是指，按照设定的波动率范围，控制储能系统对风电、光伏功率波动进行平滑，实现多时间尺度的风光储联合出力波动率在规定范围内运行的目标。同时，对锂离子电池、液流电池等不同类型电池储能系统进行运行状态的协调控制，并对储能电站、储能单元可用容量实时监测，保证储能电站、储能单元可用容量在运行区间，考核参数为 10min、1min 波动率。

风光储联合发电系统可以使风力、光伏发电由原来的几乎不可控变得易于控制，使其功率输出特性趋于平滑，电网运行的安全性、可靠性、经济性、灵活性也会因此得到大幅度的提高，最终达到最大限度提高电网接纳大规模风光发电的目的。

2. 跟踪计划发电

跟踪计划发电是指，利用储能系统实时补偿风光实际发电功率与计划发电功率之间的差值，达到上层调度的要求。同时，对储能电站、储能单元可用容量实时监测，保证储能电站、储能单元可用容量在运行区间，考核指标为功率指令跟踪准确度。

3. 系统调频

系统调频（AGC）功能是指，实时满足上层调度下发的储能电站 AGC 功率指令，达到系统调频的目的。同时，对储能电站、储能单元可用容量实时监测，保证储能电站、储能单元可用容量在运行区间，考核指标为系统调频跟踪指令准确度。

4. 削峰填谷的应用

削峰填谷功能是指，根据上层调度下发的储能电站功率需求指令，吸收风光能量或放出储能能量。同时，对储能电站、储能单元可用容量实时监测，保证储能电站、储能单元可用容量在运行区间，考核指标为削峰填谷功率指令准确度。

通过削峰填谷，减少电网调峰压力，支撑电网稳定，初步体现出大规模电化学储能装置对电网支撑的可靠性和灵活性。

5.1.3　锂离子电池储能电站监控系统应用

本节以张北储能并网实验室为例，说明锂离子电池储能电站的监控系统架构及其应用。

中国电力科学研究院有限公司张北储能并网实验室拥有 1MW/1MW·h 锂离子电池储能系统、650kW/2.6MW·h 锂离子电池储能系统、0.5MW/1MW·h 全钒液流电池储能系统、100kW/700kW·h 铅酸电池储能系统、大容量储能接入系统以及储能电站监控系统，可从事多类型大容量电池储能系统并网实验，包括储能系统并网特性实验与分析、储能/风电联合并网实验、储能/光伏联合实验、风/光/储联合实验以及电池储能提高大规模可再生能源友好接入能力的仿真研究与数据分析。中国电力科学研究院有限公司开发的多类型电池储能监控平台已实现了对以上电池储能设备及接入系统的监视与管理。

1. 张北储能并网实验室情况（见图 5-3～图 5-8）

图 5-3　储能并网实验室总体风貌

图 5-4　规模化储能设备接入系统

图 5-5　1MW·h 锂离子电池储能系统

图 5-6　1MW·h 液流电池储能系统

图 5-7　2.6MW·h 能量型锂离子电池储能系统

图 5-8　700kW·h 铅酸电池储能系统

2. 储能系统通信拓扑图

张北储能实验基地大容量电池储能监控系统与各储能厂家 PCS 通信采用 Modbus TCP/IP，为保证实时性，PCS 各方提供独立的以太网接口和本地控制用 I/O 站通信，此接口不和就地监测装置共用，接口类型为 RJ45。储能监控主站与 PCS 间通过超五类网线进行通信。电池储能系统装置的关键运行状态信息及控制信息由 Modbus TCP/IP 规约负责传输至储能站控层监控系统。储能站控层与各电池储能厂家就地监控系统间按照 104 规约通信。就地监控系统需提供光纤以太网端口。各电池储能系统装置的详细运行状态数据信息均由 IEC 104 通信网络负责传输。监控系统通信线路连接图如图 5-9 所示。

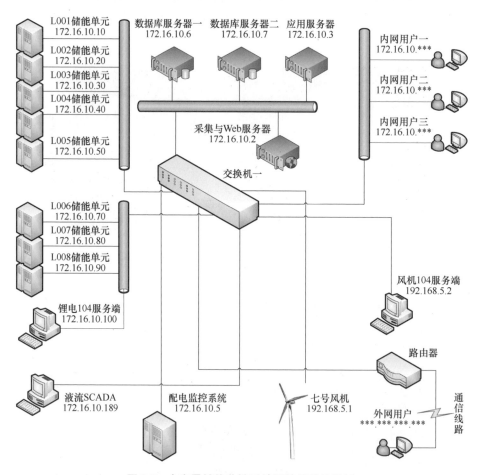

图 5-9　大容量储能监控系统通信线路连接图

3. 监控系统的功能及界面

电池储能监控系统界面如图 5-10~图 5-12 所示。

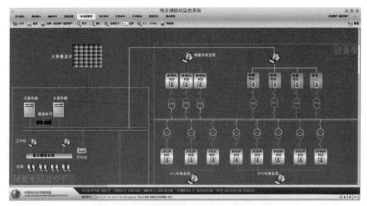

图 5-10　电池储能监控系统接线图

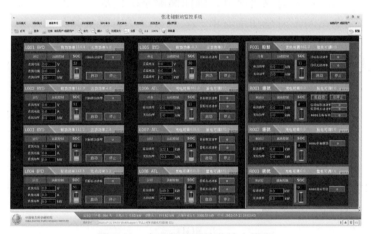

图 5-11　电池储能系统监控主界面

图 5-12　电池储能系统信息界面

5.2 锂离子电池储能电站能量管理

5.2.1 锂离子电池储能系统功率分配

锂离子电池储能电站实时总功率分配功能是针对本地储能监控系统计算或上层调度下发的储能系统总功率需求 $P_{储总}$，储能能量管理系统根据采集的当前各储能单元的状态信息，如电池运行状况、当前储能系统最大充放电能力、电池 SOC 等信息，有效合理分配 $P_{储总}$ 至各个储能子单元，以保证系统的实时功率需求，并防止电池的过充电或过放电，确保储能系统正常、安全、可靠工作。

电池储能电站的实时总功率需求 $P_{储总}$ 可按下述方法实时分配：

1）当实时总功率需求 $P_{储总}$ 为正值时（放电状态）。

电池储能子单元功率命令值分别基于各储能子单元的荷电状态（SOC），按式（5-1）计算：

$$P_{储i} = \frac{SOC_{储i}}{\sum\limits_{i=1}^{L} SOC_{储i}} P_{储总} \tag{5-1}$$

2）当实时总功率需求 $P_{储总}$ 为负值时（充电状态）。

电池储能子单元功率命令值分别基于各储能子单元的放电状态（SOD），按式（5-2）计算：

$$P_{储i} = \frac{SOD_{储i}}{\sum\limits_{i=1}^{L} SOD_{储i}} P_{储总} \tag{5-2}$$

$$SOD_i = 1 - SOC_i \tag{5-3}$$

5.2.2 电池储能系统平滑风电出力波动的控制策略及仿真验证

本研究提出了一种利用电池储能系统平滑风电出力波动的控制策略，基于经验模态分解（EMD）和 SOC 反馈的储能系统平滑风电出力控制策略是指，利用 EMD 将风电原始功率信号分解成低频和高频信号。将低频分量作为风电场的并网功率信号，高频分量则定义为储能电池吸收信号。由于 EMD 滤波器的阶次选择会直接影响确定的低频信号和高频信号，从而影响平滑风电出力的效果，因此本研究提出采用平滑后波动率和储能电池荷电状态（SOC）为约束条件下的模糊变阶 EMD 的方法，该方案综合波动率和 SOC 状况，通过模糊决策在线调节 EMD 滤波阶数，通过模糊自适应控制器，达到既能防止储能系统出现过充和过放现象，保持储能系统的良好性能，又兼具较好的平滑风电输出的效果。电池储能系统平滑风电出力波动控制策略如图 5-13 所示。

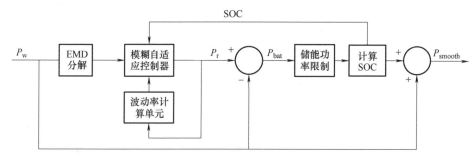

图 5-13　电池储能系统平滑风电出力波动控制策略

仿真验证：

利用某风电场某日历史数据，开展了电池储能系统平滑风电出力波动的仿真分析。

仿真条件如下：

风电场容量：49.5MW；

储能电池容量：10MW/2h；

储能电池 SOC：最大值 90%　最小值 20%；

控制目标：风储 10min 波动率小于 10%。

仿真结果如下：

图 5-14 为平滑控制效果图，图 5-15 为储能电池 SOC 曲线，图 5-16 为风电 10min 波动率曲线，图 5-17 为风储 10min 波动率曲线。

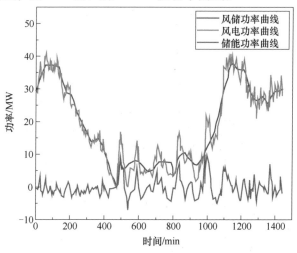

图 5-14　平滑控制效果图（彩图见书后）

161

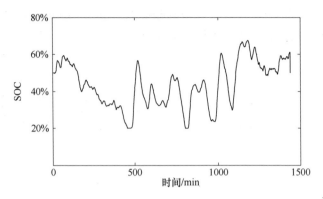

图 5-15　储能电池 SOC 曲线

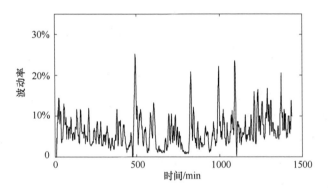

图 5-16　风电 10min 波动率曲线

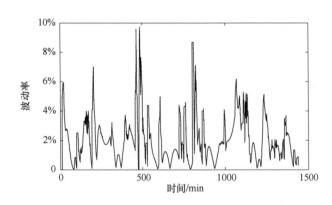

图 5-17　风储 10min 波动率曲线

从图中可以看出，风电 10min 波动率较大，采用模糊变阶 EMD 方法平滑后，风储联合输出功率波动率全部小于 10%，全部在控制目标内，且储能电池 SOC

在 20%~90%之间，保证了储能电池合理利用。表明本研究提出的控制策略可以有效平抑风电功率波动，并且实现了电池储能系统的能量管理功能。

5.2.3　电池储能系统提高风电场跟踪风电预测功率能力的控制策略

风电场输出功率的预测值可以成为实时调整电网调度计划、安排电源备用容量的强有力依据。本研究提出了提高风电场跟踪风电预测功率能力的风储系统控制策略，基于粒子群优化算法利用超短期风电预测功率实时优化并修正各时刻储能系统的充放电控制系数，从而提高风储联合系统的跟踪风电预测功率能力，并在 MATLAB 中进行了仿真分析。短期风电功率预测技术的预测时间尺度为 0~24h，预测时间分辨率为 15min，日前风电预测功率误差较大。相比之下，超短期风电预测功率一般预测时间尺度为 4h，预测时间分辨率为 15min，超短期风电预测功率的误差相对较小。因此，本研究通过利用这一优势，建立了包含 5 个控制系数的储能系统充放电控制策略，提高风储联合发电系统跟踪预测功率能力，即提高风储联合出力在风电预测功率误差允许范围内的概率。

5.2.3.1　提高风电场跟踪风电预测功率能力的储能系统控制策略

本研究根据储能系统荷电状态区间、风电功率预测状态及储能充放电功率值，针对应用于提高风电场跟踪风电预测功率能力，建立了包含 5 个控制系数的储能系统充放电控制策略，如表 5-1 所示，其中控制系数 a、b 基于储能系统荷电状态 SOC 的区间所确定，能够更好地适应储能系统的荷电状态变化；控制系数 c［见式（5-7）］基于风电预测状态确定，能够更加具体地反映出风电日前预测误差的状况；控制系数 d、e 基于充放电功率确定，能够对储能系统充放电功率值做出实时修正，$S_{SOC}(t)$ 为 t 时刻储能的荷电状态（%），$P_w(t)$ 为 t 时刻风电的实际功率（MW）。

表 5-1　储能系统充放电控制策略

区间	$P_w(t) < P_{f\_min}(t)$	$P_{f\_min}(t) \leqslant P_w(t) < P_{f\_adj}(t)$	$P_{f\_adj}(t) \leqslant P_w(t) \leqslant P_{f\_max}(t)$	$P_w(t) > P_{f\_max}(t)$
$0 \leqslant S_{SOC}(t) < S_{SOC-low}$	0	$-[P_w(t)-P_{f\_min}(t)]$	$-[P_w(t)-P_{f\_min}(t)]$	$-[P_w(t)-P_{f\_min}(t)]$
$S_{SOC-low} \leqslant S_{SOC}(t) < a$	$P_{f\_min}(t)-P_w(t)$	$-[P_w(t)-P_{f\_min}(t)]$	$-[P_w(t)-P_{f\_adj}(t)]$	$-P_w(t)+P_{f\_max}(t)-e[P_{f\_max}(t)-P_{f\_min}(t)]$
$a \leqslant S_{SOC}(t) < b$	$P_{f\_min}(t)-P_w(t)$	0	0	$-[P_w(t)-P_{f\_max}(t)]$
$b \leqslant S_{SOC}(t) \leqslant S_{SOC-high}$	$P_{f\_min}(t)-P_w(t)+d[P_{f\_max}(t)-P_{f\_min}(t)]$	$P_{f\_adj}(t)-P_w(t)$	$P_{f\_max}(t)-P_w(t)$	$-[P_w(t)-P_{f\_max}(t)]$
$S_{SOC-high} < S_{SOC}(t) \leqslant 1$	$P_{f\_max}(t)-P_w(t)$	$P_{f\_max}(t)-P_w(t)$	$P_{f\_max}(t)-P_w(t)$	0

关于储能系统荷电状态 SOC 值在 0 到 1 之间共建立 4 个节点，满足 $0<S_{\text{SOC-low}}\leqslant a\leqslant b\leqslant S_{\text{SOC-high}}<1$。其中 $S_{\text{SOC-low}}$ 和 $S_{\text{SOC-high}}$ 由储能系统本身性能所确定。如表 5-1 所示，将储能系统荷电状态值分为 5 个区间，分别为 SOC 过小区间、SOC 较小区间、SOC 适宜区间、SOC 较大区间及 SOC 过大区间。如果 $a=S_{\text{SOC-low}}$ 及 $b=S_{\text{SOC-high}}$那么意味着荷电状态值被分为 3 个区间；而如果 a、b 与 $S_{\text{SOC-low}}$、$S_{\text{SOC-high}}$ 各不相同，且随着 a、b 值的变化，等同于荷电状态值被分为更多的区间。

本研究将风电日前预测功率（风电短期预测功率）作为风电出力计划值。风电预测状态涉及 4 个功率参数：$P_{\text{w}}(t)$、$P_{\text{f\_min}}(t)$、$P_{\text{f\_max}}(t)$、$P_{\text{f\_adj}}(t)$，计算方法如式（5-4）~式（5-7），其中 $P_{\text{w}}(t)$ 为 t 时刻风电功率的实际功率值；$P_{\text{f\_min}}(t)$为 t 时刻风电日前预测功率的下限值；$P_{\text{f\_max}}(t)$ 为 t 时刻风电日前预测功率的上限值。$P_{\text{f\_adj}}(t)$ 为 t 时刻介于 $P_{\text{f\_min}}(t)$、$P_{\text{f\_max}}(t)$ 之间的功率值，由控制系数 c确定。如表 5-1 所示，风电实际功率共分为 4 种状态：低于日前预测下限值状态、介于日前预测下限值及控制功率 $P_{\text{f\_adj}}(t)$ 之间状态、介于控制功率 $P_{\text{f\_adj}}(t)$与日前预测上限值之间状态及高于日前预测上限值状态。

$$P_{\text{limit}}=\varepsilon_{\text{允许}}C_{\text{ap}} \tag{5-4}$$

$$P_{\text{f\_max}}(t)=P_{\text{f}}(t)+P_{\text{limit}} \tag{5-5}$$

$$P_{\text{f\_min}}(t)=P_{\text{f}}(t)-P_{\text{limit}} \tag{5-6}$$

$$P_{\text{f\_adj}}(t)=P_{\text{f\_min}}(t)+c\left[P_{\text{f\_max}}(t)-P_{\text{f\_min}}(t)\right] \tag{5-7}$$

式中，$P_{\text{f}}(t)$ 为 t 所对应时刻所预测的日前风电出力；$\varepsilon_{\text{允许}}$ 为日预测误差允许的百分值；C_{ap} 为风电场的装机容量；c 为介于 0 到 1 之间的控制系数。

按照《风电场功率预测预报管理暂行办法》的规定，$\varepsilon_{\text{允许}}$ 可以确定为 0.25或者较之更小的数。

系数 d、e 分别能够在风电实际功率小于日前预测功率下限值状态并且储能系统剩余容量处于较充裕区间、风电实际功率高于日前预测功率上限值状态并且储能系统剩余容量处于较不足区间时对充电功率做出实时调整，两者均介于 0 到1 之间。

5.2.3.2 控制系数滚动优化算法

本研究提出了基于超短期风电预测功率的滚动优化储能充放电控制系数的优化方法。超短期风电预测值是对未来 4h 风电出力的预测值，每 15min 更新一次。基于超短期风电功率预测值、日前风电预测误差以及当前荷电状态值建立的目标函数为

$$\min J=\alpha F_1+\beta F_2 \tag{5-8}$$

$$F_1=\sum_{t=1}^{M}\left[1+\text{sign}(\left|P_{\text{bess}}(t)+P_{\text{uf}}(t)-P_{\text{f}}(t)\right|-\varepsilon_{\text{允许}}\times C_{\text{ap}})\right]\cdot \tag{5-9}$$
$$\left|P_{\text{bess}}(t)+P_{\text{uf}}(t)-P_{\text{f}}(t)\right|$$

$$F_2 = \sum_{t=1}^{M} \left[\left(1 + \mathrm{sign}(S_{\text{SOC-low}} - S_{\text{SOC}}(t))\right) + \left(1 + \mathrm{sign}(S_{\text{SOC}}(t) - S_{\text{SOC-high}})\right) \right] \cdot S_{\text{SOC}}(t)$$

$$(5\text{-}10)$$

$$\mathrm{sign}(x) = \begin{cases} 1, & x \geqslant 0 \\ -1, & x < 0 \end{cases} \tag{5-11}$$

式中，F_1、F_2 为风储联合发电跟踪计划出力的函数和储能系统荷电状态的函数；α、β 为 F_1 和 F_2 的权重系数；M 为数据点数；$P_{\text{bess}}(t)$ 为 t 时刻的储能系统充放电功率（MW），书中充电功率为负值，放电功率为正值；$P_{\text{uf}}(t)$ 为 t 时刻的超短期风电预测功率（MW）。

储能系统的电量递推关系，充电过程为

$$E(t) = (1 - \sigma_{\text{sdr}}) E(t-1) - P_{\text{bess}}(t) \Delta t \eta_{\text{C}} \tag{5-12}$$

放电过程为

$$E(t) = (1 - \sigma_{\text{sdr}}) E(t-1) - P_{\text{bess}}(t) \Delta t / \eta_{\text{D}} \tag{5-13}$$

式中，$E(t)$ 为 t 时刻末该储能系统所剩余的电池容量（MW·h）；$E(t-1)$ 为 $t-1$ 时刻末该储能系统所剩余的电池容量（MW·h）；$P_{\text{bess}}(t)$ 为 t 时刻储能系统的充、放电功率值；σ_{sdr} 为储能系统的自放电率（%）；η_{C} 为该储能系统的充电效率；η_{D} 为该储能系统的放电效率；Δt 为计算窗口时长（min）。

充、放电过程对于储能最大出力的限制分别为

$$P_{\max}^{\text{充}} \leqslant P_{\text{bess}}(t) \leqslant 0 \tag{5-14}$$

$$0 \leqslant P_{\text{bess}}(t) \leqslant P_{\max}^{\text{放}} \tag{5-15}$$

储能剩余容量的限制为

$$E_{\min} \leqslant E(t) \leqslant E_{\max} \tag{5-16}$$

式中，$P_{\max}^{\text{充}}$ 为储能系统最大允许充电功率（MW）；$P_{\max}^{\text{放}}$ 为储能系统最大允许放电功率（MW）；$E_{\min}$ 为储能系统最小容量限制（MW·h）；$E_{\max}$ 为储能系统最大容量限制（MW·h）。

本研究采用粒子群优化（PSO）算法求解该模型，PSO 算法的计算流程如下：

1）设定 PSO 控制参数值，粒子群总数为 N，惯性常数为 ω，学习因子为 c_1 和 c_2。

2）将粒子群中各个粒子的位置和速度进行初始化。迭代次数 $k = 0$；粒子（粒子包括 a、b、c、d、e）位置为 x_i，a、c、d、e 的初始位置设为 0.5，b 的初始位置设为 0.6；粒子速度为 v_i，5 个系数的初始速度均为随机选取。

3）评价每个粒子的适应度。

4）记录极值。记录如下值：$P_{\text{best}i}$ 为该粒子在当前迭代次数下所对应的个体极值；$J(P_{\text{best}i})$ 为该极值所对应的目标函数值；G_{best} 为从个体极值中所确定的

整体极值；$J(G_{best})$ 为整体极值所对应的目标函数值。

如果 $J(x_i^{k+1}) < J(x_i^k)$ 成立，则 $P_{besti}^k = x_i^{k+1}$，否则 $P_{besti}^k = x_i^k$，则 $G_{best}^k = \min(P_{besti}^k)$ 成立，x_i^k 和 P_{besti}^k 分别为迭代次数为 k 时的粒子位置和个体极值。

5）迭代次数 $k = k+1$。更新各个粒子的速度和位置。

$$\begin{cases} v_i^{k+1} = \omega v_i^k + c_1(P_{besti}^k - x_i^k) + c_2(G_{best}^k - x_i^k) \\ x_i^{k+1} = x_i^k + v_i^{k+1} \end{cases} \tag{5-17}$$

式中，v_i^k 为迭代次数为 k 时的粒子速度。

6）再次计算出每个粒子该时刻所对应的目标值，并且通过和上一次迭代的目标值进行比较，最终判断出是否需要更新个体极值或者整体极值。

7）判断是否收敛。当满足全局最好位置连续 100 次无变化或达到预先规定的最大迭代次数，迭代停止；否则转步骤 5）。

8）输出结果。

5.2.3.3 仿真分析

本节以某风电场 6 月份某日历史运行中的实际功率数据、日前短期预测数据为例，基于 MATLAB 编程进行相应的仿真计算，对本研究提出的提高风电跟踪计划出力能力的储能系统控制方法进行仿真验证。

该风电场装机容量 $C_{ap} = 90\text{MW}$，$\varepsilon_{允许} = 0.25$；

储能电站目标功率相关参数：$a_1 = 0.4$；$a_2 = 0.5$；$a_3 = 0.6$；$a_4 = 0.7$；b_1 和 b_2 分别取 P_{fi} 和 P_{fbi}、P_{fsi} 和 P_{fi} 的中间值。

电池储能系统参数：22.5MW/18MW·h。$SOC_{low} = 0.20$，$SOC_{high} = 0.90$。

控制目标：将风储联合出力控制在风电预测功率 25% 的误差范围内。

风电实际功率以及日前短期预测功率曲线如图 5-18 所示。风电场实际功率日预测误差概率分布直方图如图 5-19 所示。

由图 5-18 可以看出，风电实际功率存在位于预测上、下限之外的情况，利用储能系统的相关控制来提高风电跟踪计划出力能力。由图 5-19 可以看出，该风电场 6 月份某天内 24 小时预测误差明显存在一部分不满足要求的时刻点，可见风电输出功率的预测误差偏大可能对系统的调节能力带来较大压力，极端情况下容易导致弃风，急需借助储能系统将其预测误差限制在给定范围，提高风电跟踪计划出力的能力，改善风电并网能力，从而提高风电的利用率和可靠性。

仿真结果：

电池储能系统各时刻的充、放电功率值以及荷电状态值如图 5-20 和图 5-21 所示。电池储能控制前后的风电误差概率分布对比图如图 5-22 所示。表 5-2 为风电及风储误差满足要求的概率对比。

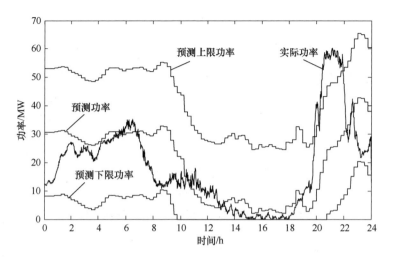

图 5-18　风电实际功率以及日前短期预测功率曲线

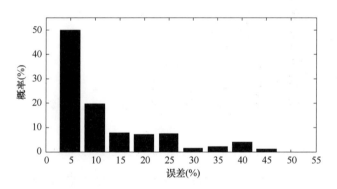

图 5-19　风电场实际功率日预测误差概率分布直方图

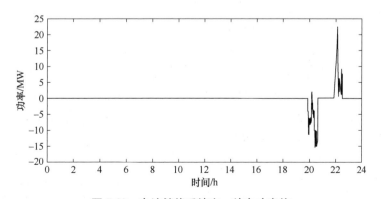

图 5-20　电池储能系统充、放电功率值

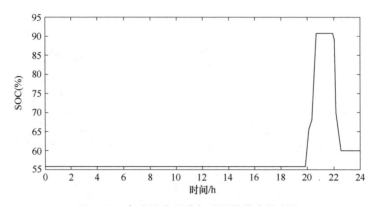

图 5-21　电池储能系统各时刻的荷电状态值

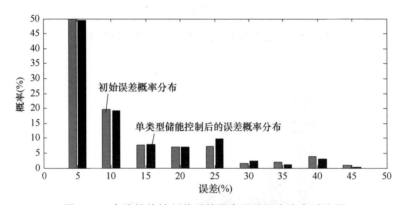

图 5-22　电池储能控制前后的风电误差概率分布对比图

表 5-2　风电及风储在风电预测功率 25% 误差范围内的概率

	风电	风储
概率（%）	91.6	93.13

　　由图 5-20 可以看出，电池储能系统的充、放电集中在 20 时到 23 时；电池储能系统的 SOC 经历了一次从初始值升高到最大，继而减小的过程，均处于允许范围内。经过电池储能系统的充、放电控制后，风储联合出力的误差在 25% 以内的概率相对于初始风电功率有一定程度的提高，风储联合出力误差在 35% ~ 45% 以内的概率均较原始风电功率有所降低。

　　由表 5-2 可以看出，加入储能系统后，风储出力误差满足要求的概率有了提升，从 91.6% 上升至 93.13%。而且，电池储能系统 SOC 可以有效控制在设定的控制范围内（即电池储能系统 SOC 控制在 20% ~ 90%，实现了跟踪风电计划出力的同时，满足电池储能系统的能量管理功能）。

由图 5-22 可知，储能系统在此容量配置下，风电场跟踪风电预测出力的误差不能完全小于 25%。由图 5-21 分析可知，出现此情况的原因主要是由于电池储能系统 SOC 达到上限值，不能继续出力，即电池储能系统的容量不能满足要求。因此在原来的基础上增加电池储能系统容量，使得跟踪误差完全小于 25%。经过仿真分析，当储能系统配置为 22.5MW/50MW·h 时，可达到目标。则此配置下的电池储能系统功率曲线、SOC 曲线、跟踪误差概率分布图如图 5-23 所示。

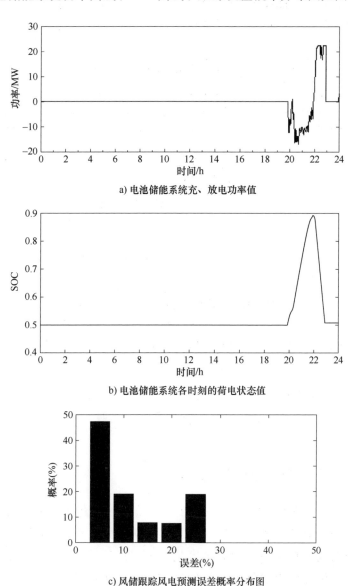

a) 电池储能系统充、放电功率值

b) 电池储能系统各时刻的荷电状态值

c) 风储跟踪风电预测误差概率分布图

图 5-23　22.5MW/50MW·h 容量配置下的风储运行效果

5.2.4 电池储能系统削峰填谷控制策略

电池储能系统削峰填谷（见图 5-24）功能是实时满足上层调度系统下发的储能系统功率需求命令。即实时响应上层下发的削峰填谷计划对应的功率命令值，以保证削峰填谷的应用效果。同时根据当前的电池功率与电池剩余容量（SOC）反馈值，确定储能系统的工作能力，并向调度层上发储能系统的当前允许使用容量信息和当前可用最大充放电能力信息等。

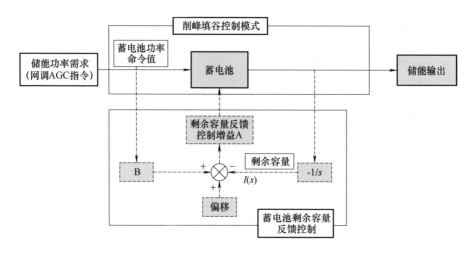

图 5-24　电池储能系统削峰填谷的控制策略框图

削峰填谷控制中的电池储能电站实时总功率的计算方法如下：

$$P_{储能}^{总需求} = P_{储能}^{削峰填谷指令}$$

(5-18)

式中，$P_{储能}^{削峰填谷指令}$ 为上层调度下发的储能电站削峰填谷功率命令值。

储能电站内部的功率分配及能量管理策略可按照 5.2.3 节中所提出的方法进行。

5.2.5 电池储能系统调频控制策略

电池储能系统支持 AGC 调频控制功能是实时满足上层调度系统或网调直接下发的相对应的功率命令值（见图 5-25），实现 AGC 调频支持功能，同时根据当前的电池功率与电池剩余容量（SOC）反馈值，确定储能系统的工作能力，并向调度层上发储能系统的当前允许使用容量信息和当前可用最大充放电能力信息等。

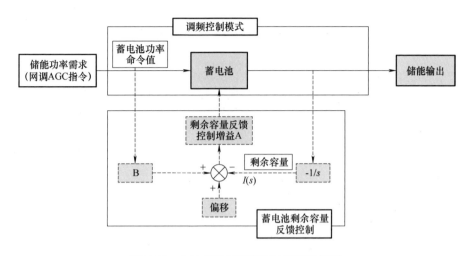

图 5-25　电池储能系统调频控制策略框图

调频控制中的电池储能电站实时总功率的计算方法如下：

$$P_{储能}^{总需求} = P_{储能}^{调频指令}$$

（5-19）

式中，$P_{储能}^{调频指令}$ 为上层调度下发的储能电站调频功率命令值。

储能电站内部的功率分配及能量管理策略可按照 5.2.4 节中所提出的方法进行。

5.2.6　电池储能系统无功控制技术

5.2.6.1　电池储能系统无功控制策略

本研究考虑多个电池储能系统被统一接入、集群联合的运行情况，提出了一种电池储能电站并网运行时的无功功率分配策略，并通过软件仿真与实例试验证明了控制策略的有效性。如图 5-26 所示，电池储能电站中包括多台储能变流器和多个电池单元，各储能系统并联后通过一台 380V/35kV 升压变压器连接到 35kV 配电网。通过储能变流器可以实现对电池储能系统有功功率和无功功率的实时控制目的。

本研究将电池储能系统当前最大允许无功功率值以及当前最大允许无功功率特征值作为调用该储能系统无功功率的重要控制变量，提出了一种电池储能电站内总无功功率的协调分配控制策略。

相关控制策略及步骤可归纳如下：

步骤 1：基于储能系统 i 的最大可用视在功率和当前有功功率，基于式（5-20）

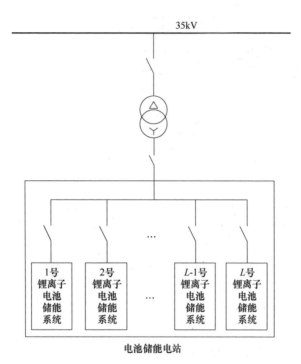

图 5-26   电池储能电站示意图

计算出各储能系统 i 的最大可用无功功率。

$$Q_i^{最大允许}=\sqrt{S_i^2-P_i^2} \tag{5-20}$$

步骤2：如果电池储能电站总无功功率需求 $Q_{储能}^{总需求}$ 占该电站中各远程可控电池储能系统最大允许无功功率总和的比例值小于预设值 α［即满足式（5-21）时］，首先基于式（5-22）计算各储能系统的当前最大允许无功功率特征值 $\lambda_i^{无功}$，否则跳转至步骤3。

$$Q_{储能}^{总需求} < \alpha \sum_{i=1}^{L}\left(u_i Q_i^{最大允许} \right) \tag{5-21}$$

$$\lambda_i^{无功}=\frac{u_i\sqrt{\left[\overline{S}_i^2-\left(P_i^{最大允许} \right)^2 \right]}}{\overline{S}_i} \tag{5-22}$$

式（5-20）~式（5-22）中，S_i 为储能系统 i 的最大可用视在功率；$P_i^{最大允许}$ 为储能系统 i 的最大允许有功功率；P_i 为储能系统 i 的当前有功功率；u_i 为储能系统 i 的状态值，当储能系统 i 处于远程可控运行状态时，u_i 等于1，其他情况时均等于 0。以上 4 个参数都是由储能系统根据当前运行情况，实时上报给电池储能电站能量管理系统。式（5-21）中，L 为电池储能电站内总储能系统个数。

然后，基于排除法，以 $\lambda_i^{无功}$ 由小至大的顺序，逐个排除储能系统 i，直到计算出能满足式（5-23）的最少的储能系统个数 $L_{\min}^{无功}$ 为止。

$$\alpha \sum_{i=1}^{L_{\min}^{无功}} (u_i Q_i^{最大允许}) \geqslant Q_{储能}^{总需求} \tag{5-23}$$

最后，基于式（5-24），计算 $L_{\min}^{无功}$ 个储能系统 i 的无功功率命令值 Q_i：

$$Q_i = \frac{u_i Q_i^{最大允许}}{\sum\limits_{i=1}^{L_{\min}^{无功}} (u_i Q_i^{最大允许})} Q_{储能}^{总需求} \tag{5-24}$$

式（5-23）~式（5-24）中，$Q_i^{最大允许}$ 为储能系统 i 的当前最大允许无功功率；$Q_{储能}^{总需求}$ 为电池储能电站总无功功率需求值；$L_{\min}^{无功}$ 为参与电池储能电站总无功功率分配的最少储能系统个数；α 为预设值。

剩余 $L-L_{\min}^{无功}$ 个储能系统的无功功率命令值均设为 0。然后跳转至步骤 4。

步骤 3：各储能系统 i 的无功功率命令值 Q_i 由式（5-25）计算。

$$Q_i = \frac{u_i Q_i^{最大允许}}{\sum\limits_{i=1}^{L} (u_i Q_i^{最大允许})} Q_{储能}^{总需求} \tag{5-25}$$

式（5-25）中，L 为电池储能电站内总储能系统个数。

步骤 4：将上述步骤得出的 Q_i 设定为各储能系统的无功功率分配值。

无功控制策略流程图如图 5-27 所示。

5.2.6.2　仿真分析

为验证控制策略的有效性，首先基于兆瓦级锂离子电池储能电站进行了仿真分析。该储能电站包含 5 个储能系统，且每个储能系统的当前最大允许无功功率值分别是：储能系统#1 和#2 同为 200kvar，储能系统#3 和#4 同为 250kvar，而储能系统#5 为 150kvar。同时设定了电池储能电站总无功功率需求，并取预设值 α 为 0.7，得出的各储能系统无功功率分配结果如图 5-28 所示。

仿真计算结果表明，本研究所提出的控制策略，既可实现各储能系统间无功功率实时分配的应用需求，同时在电池储能电站总无功功率需求较小时，可基于当前最大允许无功功率特征值优化参与无功功率分配的储能系统个数，提高无功功率控制准确度。

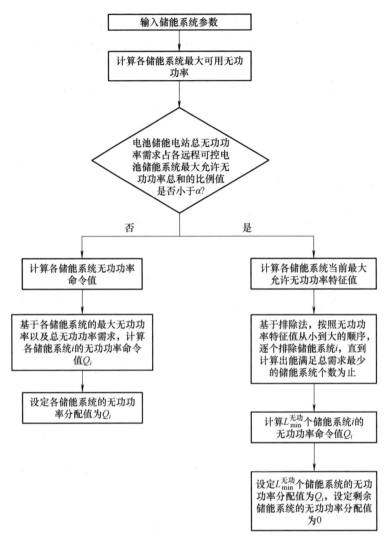

图 5-27　无功控制策略流程图

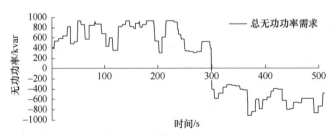

a) 电池储能电站的总无功功率需求曲线

图 5-28　电池储能电站总无功功率需求曲线及各储能变流器的无功功率分布曲线

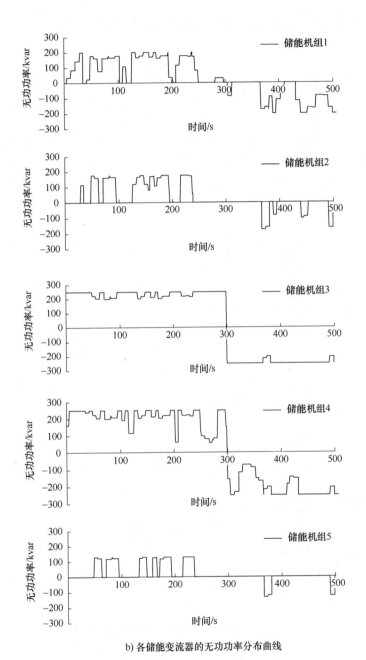

b) 各储能变流器的无功功率分布曲线

图 5-28　电池储能电站总无功功率需求曲线及各储能变流器的无功功率分布曲线（续）

锂离子电池储能电站一致性运行管理与维护

锂离子电池储能系统拓扑结构示意图如图 5-29 所示。由前所述，电池一致性的表现一是反映在电池单体性能参数，二是反映在电池工作状态。由于在电池储能系统运行过程中，无法实时测量到电池容量、内阻和自放电率等性能参数，而电池的电压、温度这些状态参数是可实时测量并存储的。因此对于运行中的锂离子电池储能系统，可开展电压一致性与温度一致性的分析，锂离子电池监控系统中的电压和温度历史数据为一致性评估的实现提供了数据支撑。

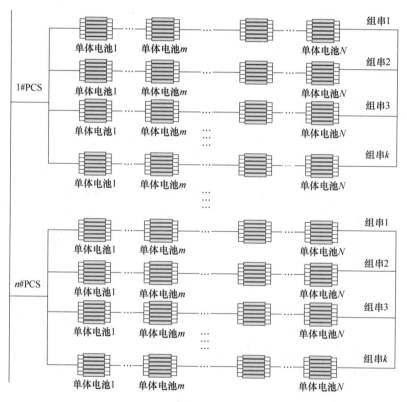

图 5-29 大容量电池储能系统拓扑结构示意图

电压一致性指标用"电压极差"和"电压标准差"进行表征，温度一致性指标用"温度极差"进行表征。"标准差"能反映一组电池参数的离散程度，"极差"反应的是一组电池参数中的最大值与最小值之差。

其中，"电压极差" 和 "温度极差" 计算方法为

$$\Delta U_{max} = U_{max} - U_{min} \tag{5-26}$$

$$\Delta T_{max} = T_{max} - T_{min} \tag{5-27}$$

电池 "电压标准差" 计算方法为

$$\delta_U = \sqrt{\sum_{i=1}^{N} (U_i - U_m)^2 / N} \Big/ U_m \tag{5-28}$$

式中，ΔU_{max} 为 "电压极差"；ΔT_{max} 为 "温度极差"；δ_U 为 "电压标准差"；U_{max} 为一组电池中的电池单体电压最大值；U_{min} 为一组电池中的电池单体电压最小值；N 为一组电池中电池单体的总个数；U_i 为一组电池中第 i 个电池单体电压；U_m 为一组电池中所有电池单体电压平均值。

本研究提出的一致性评估方法可进行在线式评估，可定位异常电池的位置及其特征，作为监控系统的一部分，为电池差异化维护提供在线指导；也可作为储能能量管理策略的一项参考指标，优化电池储能系统的应用，保障储能电池安全使用。

5.4　锂离子电池储能电站运行案例分析

5.4.1　国家风光储输示范工程储能电站

1. 项目概况

国家风光储输示范工程是财政部、科技部、国家能源局及国家电网有限公司联合推出的 "金太阳工程" 首个重点项目，是国家电网有限公司建设坚强智能电网的首批重点工程，是大规模的集风电、光伏发电、储能及输电工程四位一体的可再生能源项目。工程以风光发电控制和储能系统集成技术为重点，实现新能源发电的平滑输出、计划跟踪、削峰填谷和调频等控制目标，解决新能源大规模并网的技术难题。

2. 运行情况

国家风光储输示范工程储能电站包括 14MW/63MW·h 锂离子电池储能系统以及 19MW/32.8MW·h 其他类型电池储能系统。14MW/63MW·h 锂离子电池储能系统具体类型包括：

9MW/36MW·h 能量型锂离子电池储能系统（18 台 500kW/2MW·h 电池储能单元装置）；

6MW/16MW·h 能量型锂离子电池储能系统（12 台 500kW/1.33MW·h 电池储能单元装置）；

6MW/9MW·h 功率型锂离子电池储能系统（12 台 500kW/0.75MW·h 电池

储能单元装置);

2MW/2MW·h 功率型锂离子电池储能系统（4 台 500kW/0.5MW·h 电池储能单元装置）。

部署在张北国家风光储输示范工程监控中心的电池储能电站控制与能量管理系统由综合能量管理硬件平台和系统软件组成，其中硬件平台包括交换机、服务器和工作站等设备，电池储能系统控制与能量管理系统如图 5-30 所示。

a) 能量管理硬件平台　　　　　b) 能量管理系统

图 5-30　电池储能系统控制与能量管理系统

3. 电池储能系统平抑风光发电出力波动的应用

通过执行能量管理系统中的平滑控制模式，风光发电波动率可以有效地减少。平滑风光发电控制效果图如图 5-31 所示。平滑前，风电 15min 波动率为22.61%，光伏波动率为 1.52%，风光波动率为 16.12%。经储能电站平滑后，风光储联合波动率为 6.95%，有效降低了风光发电波动率。

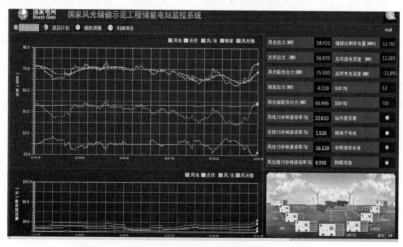

图 5-31　平滑风光发电控制效果图（彩图见书后）

4. 跟踪风光储发电计划的应用

通过执行储能电站能量管理系统中的跟踪计划模式，实际风光发电出力与发电计划值偏差被有效弥补，风光储联合发电（黄色曲线）依据计划值（35MW、30MW、25MW）可以稳定输出，控制误差小于2%，控制效果如图 5-32 所示。浅蓝色曲线为实时风电总功率值，紫色曲线为实时光伏总发电功率值，绿色曲线为实时风光总功率值，红色曲线为实时储能总功率值，黄色曲线为实时风光储联合发电功率值。

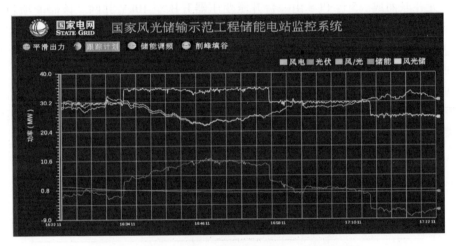

图 5-32　跟踪计划发电的控制效果图（彩图见书后）

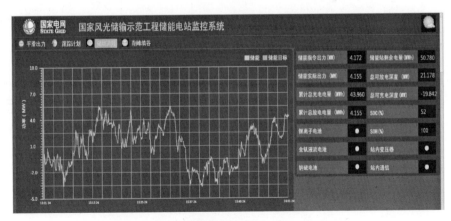

图 5-33　AGC 调频控制效果图（彩图见书后）

5. AGC 调频的应用

通过执行能量管理系统中的储能调频模式，储能电站实时总功率跟随了上层调度下发的目标功率值，偏差在5%范围内，满足储能调频的应用需求。由图 5-33 可看出，储能系统的目标值与实际出力值基本重合，其中橙色曲线为实时储能总功率值，红色曲线为实时储能目标功率值。

5.4.2 福建晋江电网侧储能电站

1. 项目概况（见图 5-34）

本项目储能电站容量为 30MW/108MW·h，由 60 个 500kW/1.65MW·h 储能单元并联而成。5 台 PCS 由一台升压变压器升压至 10kV 并网。该储能项目是目前已知国内规模最大的电网侧站房式锂离子电池储能电站。电池系统通过如下方式集成：3.2V/230Ah 长寿命电池单体通过 1P14S 的形式组成 44.8V 模块，模块通过 1P16S 的形式组成 716.8V 的电柜，电柜通过 11P1S 的形式形成 1.8MW·h 的储能子系统，共 60 个子系统组成 108MW·h 的储能电站系统。储能电站监控系统与 PCS 直接通信，采集关键信息并下发控制指令。从就地监控系统采集储能系统的详细的电池信息，实现电池单体的在线监测与分析。

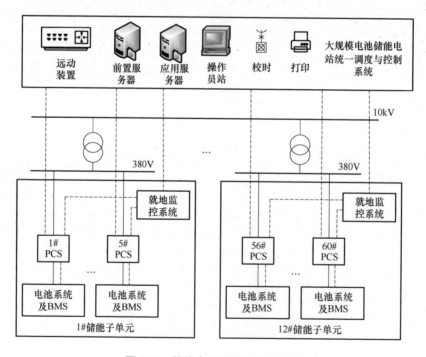

图 5-34　储能电站监控系统结构图

2. AGC 功能

AGC 模式下，储能电站接受省调控制，储能 EMS 的 AGC 模块跟踪省调下发的储能电站 AGC 控制指令。

储能电站通过远动主机将储能电站最大允许充放电功率、SOC、运行状态等关键数据发送给省调 AGC 中心，省调 AGC 中心通过远动装置下达储能站的 AGC 目标值，储能电站 EMS 接收 AGC 调度指令并将功率分配至 PCS。

3. AVC 功能

AVC 模式下，储能电站接受地调控制，储能 EMS 的 AVC 模块跟踪地调下发的储能电站 AVC 控制指令。

储能电站通过远动主机将储能电站的无功容量、运行状态等关键数据发送给地调 AVC 中心，地调 AVC 中心通过远动装置下达储能站级 AVC 电压目标值，储能 EMS AVC 模块根据储能电站的 SVG 运行状态、电容器、PCS 无功运行状态分配具体 SVG 指令、电容器投切、PCS 无功指令，SVG 及电容器由四方远动控制执行，PCS 由 EMS 控制执行。

4. 系统界面

图 5-35 为系统网络架构图。图 5-36 为系统主界面，显示了 60 个储能单元的关键运行信息。

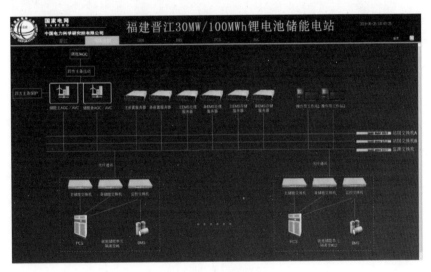

图 5-35　网络架构图

5. 应用效果

图 5-37 和图 5-38 分别为储能电站 8 天运行曲线，包括储能电站功率及 SOC 曲线，从图中可以看出，储能电站的 SOC 保持在合理的运行范围内，锂离子电池储能系统监控与能量管理系统对于储能单元的统一调度与控制策略是有效的。图 5-39 为调度 AGC 调频实时曲线。

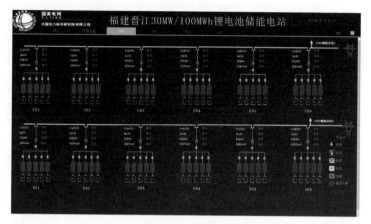

图 5-36 主界面

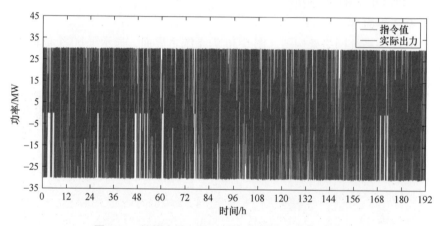

图 5-37 储能电站 8 天的功率曲线（彩图见书后）

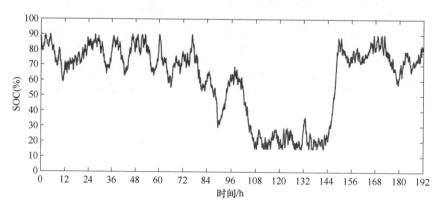

图 5-38 储能电站 8 天的 SOC 曲线

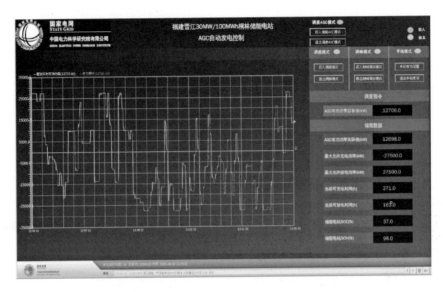

图 5-39　调度 AGC 调频实时曲线（彩图见书后）

5.4.3　云埔厂区储能电站

1. 项目概况

智光公司云埔厂区自建储能项目为 1 套 6kV 5MW/3MW·h 的储能系统，采用高压级联技术。储能系统由 3 个电池储能系统集装箱和 1 个中控集装箱组成，通过 6kV 电缆接入云埔厂区 6kV 高压开关侧。

2. 储能系统接入电气主接线图（见图 5-40）

系统布局及现场布置图如图 5-41 和图 5-42 所示。

3. 运行情况

（1）电池 SOC 状态

为验证 PCS 主动均衡功能，在特意离散化各电池簇 SOC 之后，通过观察记录储能系统在充电、放电状态下的电池 SOC 状态判断主动均衡的效果，从图 5-43～图 5-45 可知在 2018 年 12 月 25 日投入均衡功能后，相内电池 SOC 的偏差值从 25% 降至 5% 以内，电池的 SOC 一致性显著提高，有效提高了电池容量的利用率。

（2）系统能量转换效率

工程自 2018 年 12 月投运，2018 年 12 月～2019 年 5 月的每月充放电电量统计数据如表 5-3 所示。

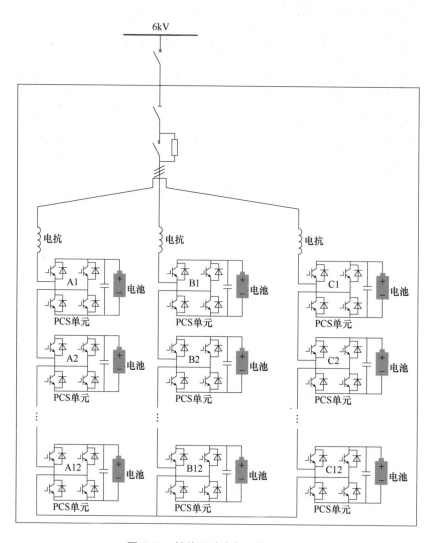

图 5-40　储能系统电气一次接入图

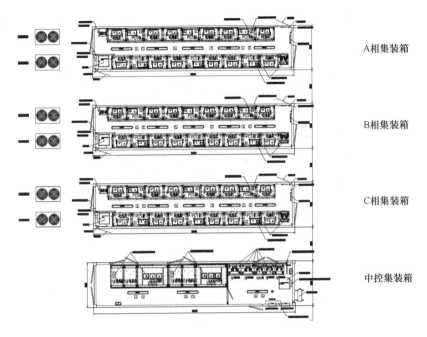

图 5-41　系统布局图

A相集装箱

B相集装箱

C相集装箱

中控集装箱

图 5-42　现场布置图

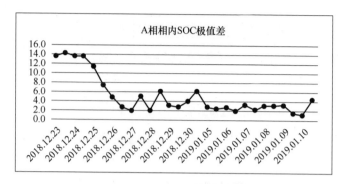

图 5-43　A 相相内 SOC 极值差

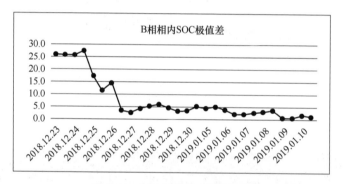

图 5-44　B 相相内 SOC 极值差

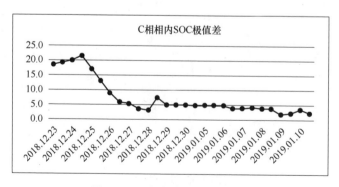

图 5-45　C 相相内 SOC 极值差

表 5-3　云埔厂区储能电站充放电电量统计表

月份	2018. 12	2019. 1	2019. 2	2019. 3	2019. 4	2019. 5
电站月放电电量/kWh	57240	103212	116532	136692	177300	222660
电站月充电电量/kWh	61884	114552	126396	152640	199764	252360
月转换效率	92.49%	90.1%	92.2%	89.5%	91%	90.01%
系统平均效率	90.88%					

5.4.4　五沙热电厂 9MW/4.5MW·h 调频储能电站

1. 项目概况

五沙热电厂共有 2 台 320MW 的热电机组，储能辅助调频系统的总规模为 9MW/4.5MW·h，由 6 个电池和功率变换集装箱以及 1 个中控集装箱组成。储能系统通过 6kV 电缆接入电厂 1、2 号机 6kV 厂用变母线 A、B 段，通过储能系统的快速、精确地吸收和发出功率从而大幅度改善原有机组的二次调频性能，参与电网调频市场，提高调频收益。

2. 储能系统电气一次接入示意图（见图 5-46）

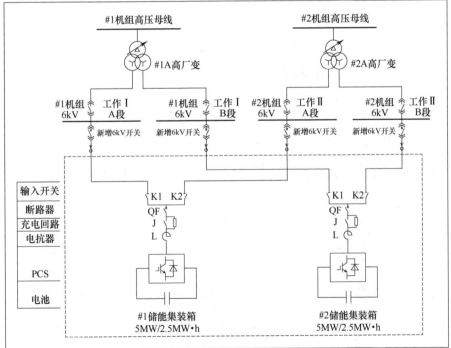

图 5-46　储能系统电气一次接入图

储能系统布局图如图 5-47 所示，现场布置图如图 5-48 所示。

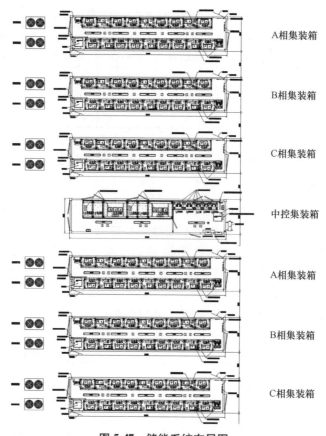

A相集装箱

B相集装箱

C相集装箱

中控集装箱

A相集装箱

B相集装箱

C相集装箱

图 5-47　储能系统布局图

图 5-48　现场布置图

参 考 文 献

［1］ 郭光朝，李相俊，张亮，等. 单体电压不一致性对锂电池储能系统容量衰减的影响［J］. 电力建设，2016，37（11）：23-28.

［2］ 陈豪，刁嘉，白恺，等. 储能锂电池运行状态综合评估指标研究［J］. 中国电力，2016，49（5）：149-156.

［3］ 周頔，宋显华，卢文斌，等. 基于日常片段充电数据的锂电池健康状态实时评估方法研究［J］. 中国电机工程学报，2019，39（1）：105-111.

［4］ 程泽，杨磊，孙幸勉. 基于自适应平方根无迹卡尔曼滤波算法的锂离子电池 SOC 和 SOH 估计［J］. 中国电机工程学报，2018，38（8），2835-2393.

［5］ 余晓玲，王春玲，韩晓娟. 基于数据挖掘技术的电池储能系统 SOC 状态评估［J］. 电器与能效管理技术，2018，15：68-72.

［6］ SHENG HANMIN, XIAO JIAN. Electric vehicle state of charge estimation: nonlinear correlation and fuzzy support vector machine［J］. Journal of Power Sources, 2015, 281: 131-137.

［7］ DU JIANI, LIU ZHITAO, WANG YOUYI, et al. An adaptive sliding mode observer for lithium-ion battery state of charge and state of health estimation in electric vehicles［J］. Control Engineering Practice, 2016, 54: 81-90.

［8］ LIN CHENG, TANG AIHUA, WANG WEIWEI. A review of SOH estimation methods in lithiumion batteries for electric vehicle applications［J］. Energy Procedia, 2015, 75: 1920-1925.

［9］ HU XIAOSONG, JIANG JIUCHUN, CAO DONGPU, et al. Battery health prognosis for electric vehicles using sample entropy and sparse Bayesian predictive modeling［J］. IEEE Transactions on Industrial Electronics, 2016, 63（4）: 2645-2656.

［10］ LIU YAO, XIE HONG, WANG LIGUO, et al. Hyperspectral band selection based on a variable precision neighborhood rough set.［J］. Applied Optics, 2016, 55（3）: 463.

［11］ LIU DATONG, LUO YUE, LIU JIE, et al. Lithium-ion battery remaining useful life estimation based on fusion nonlinear degradation AR model and RPF algorithm［J］. Neural Computing and Applications, 2014, 25（3-4）: 557-572.

［12］ LYSANDER DE SUTTER, ALEXANDROS NIKOLIAN, et al. Online multi chemistry SoC estimation technique using data driven battery model parameter estimation［C］. EVS 2017-30th International Electric Vehicle Symposium and Exhibition, 2017.

［13］ JULIEN SCHORSCH, LUIS D COUTO, MICHEL KINNAERT. SOC and SOH estimation for Li-ion battery based on an equivalent hydraulic model［C］. 2016 American Control Conference（ACC）, July 2016: 4029-4034.

［14］ PARIS ALI TOPAN, M NISVO RAMADAN, GHUFRON FATHONI, et al. State of Charge（SOC）and State of Health（SOH）estimation on lithium polymer battery via Kalman filter［C］. 2016 2nd International Conference on Science and Technology-Computer（ICST）, Oct. 2016.

［15］ LI XIANGJUN, LI YONG, HAN XIAOJUAN, et al. Application of Fuzzy Wavelet Transform

189

to Smooth Wind/PV Hybrid Power System Output with Battery Energy Storage System [J].
Energy Procedia, 2011, 12: 994-1001.

[16] LI XIANGJUN, LI NAN, JIA XUECUI, et al. Fuzzy logic based smoothing control of Wind/
PV generation output fluctuations with battery energy storage system [C]. The 14th Interna-
tional Conference on Electrical Machines and Systems (ICEMS'2011), BeiJing, 2011.

[17] LI XIANGJUN, HUI DONG, LAI XIAOKANG. Battery Energy Storage Station (BESS)-
Based Smoothing Control of Photovoltaic (PV) and Wind Power Generation Fluctuations [J].
IEEE Transactions on Sustainable Energy, 2013, 4 (2): 464-473.

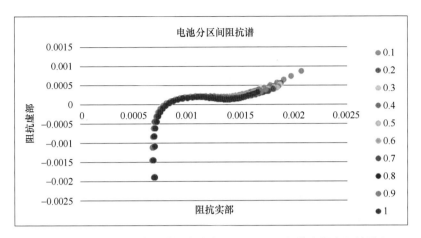

图 2-14　静置时，磷酸铁锂电池在不同 SOC 区间的全频率阻抗谱

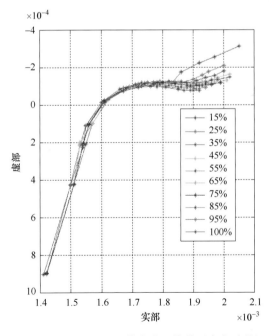

图 2-15　不同 SOC 下的交流阻抗谱（充电过程）

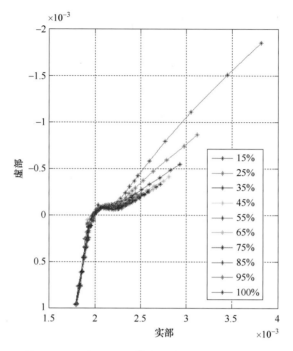

图 2-16 不同 SOC 下的交流阻抗谱（放电过程）

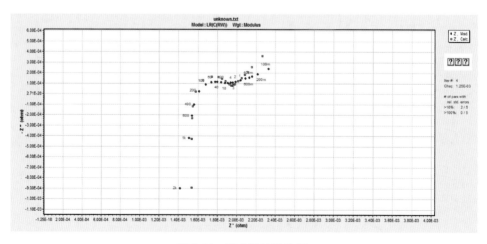

图 2-21 拟合阻抗谱结果

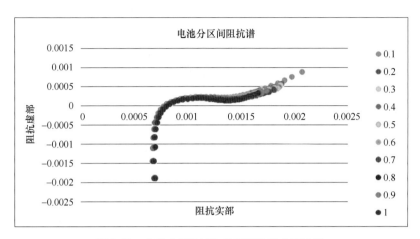

图 2-22 电池在不同 SOC 区间的静态阻抗谱

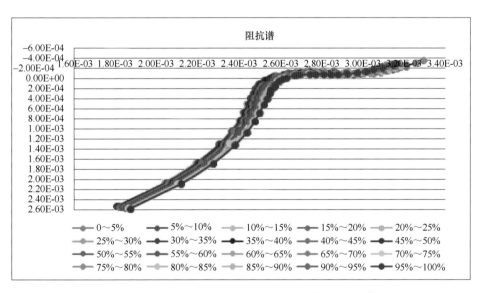

图 2-24 电池在 0.2C 充电过程中，50 次循环后不同 SOC 区间下的阻抗谱

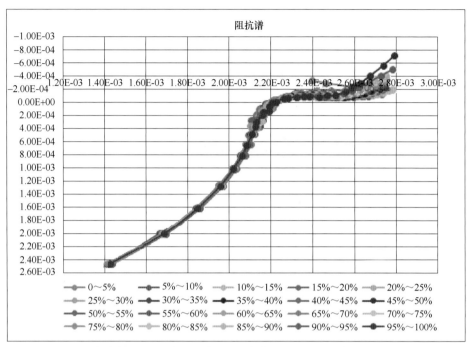

图 2-26　电池在 0.2C 充电过程中，100 次循环后不同 SOC 区间下的阻抗谱

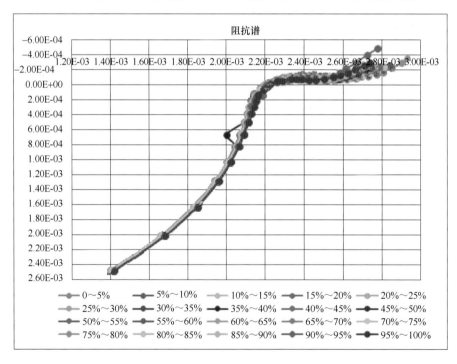

图 2-28　电池在 0.2C 充电过程中，200 次循环后不同 SOC 区间下的阻抗谱

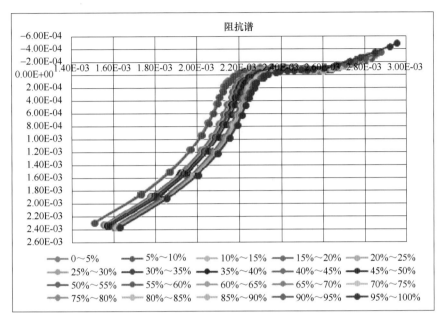

图 2-30　电池在 0.5C 充电过程中，50 次循环后不同 SOC 区间下的阻抗谱

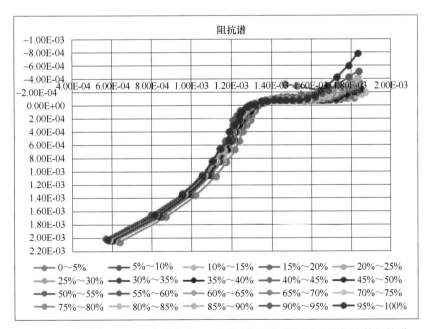

图 2-32　电池在 0.5C 充电过程中，100 次循环后不同 SOC 区间下的阻抗谱

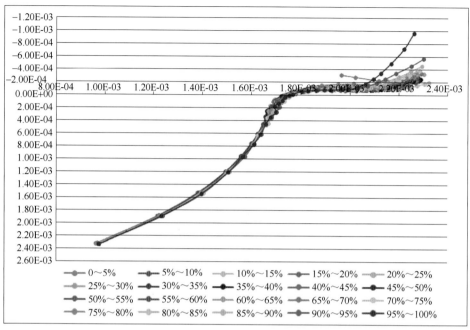

图 2-34 电池在 0.5C 充电过程中，200 次循环后不同 SOC 区间下的阻抗谱

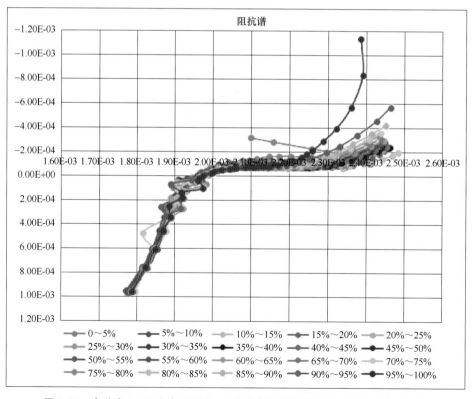

图 2-36 电池在 0.5C 充电过程中，300 次循环后不同 SOC 区间下的阻抗谱

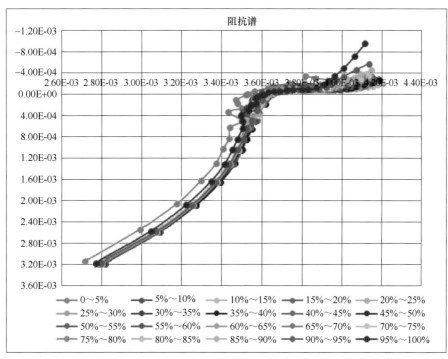

图 2-38 电池在 1C 充电过程中，100 次循环后不同 SOC 区间下的阻抗谱

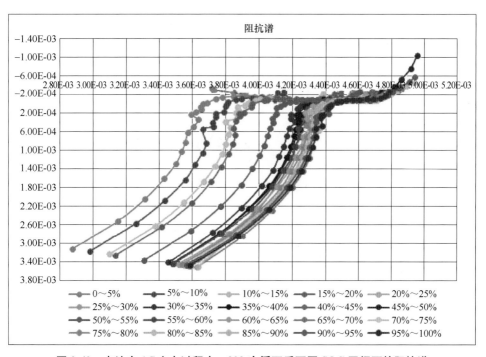

图 2-40 电池在 1C 充电过程中，200 次循环后不同 SOC 区间下的阻抗谱

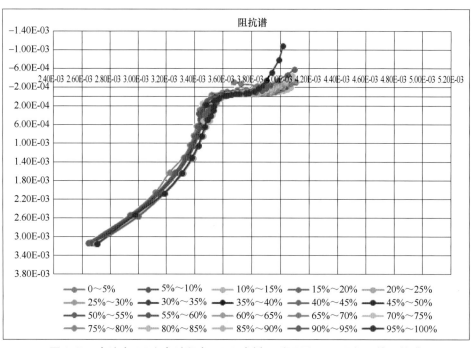

图 2-42 电池在 1C 充电过程中，300 次循环后不同 SOC 区间下的阻抗谱

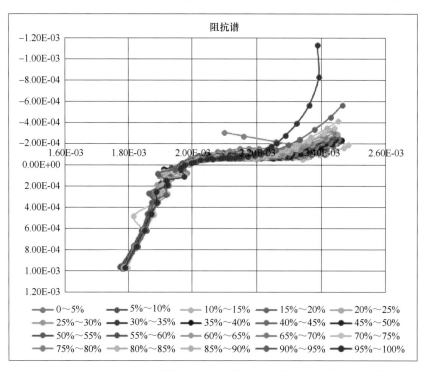

图 2-44 电池在 1C 充电过程中，400 次循环后不同 SOC 区间下的阻抗谱

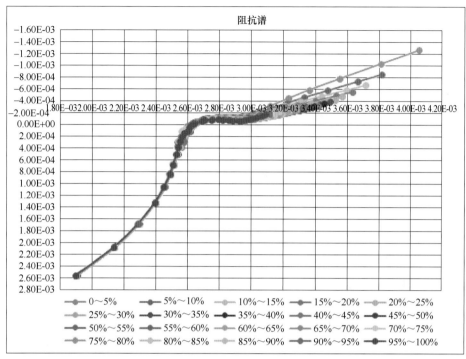

图 2-46 电池在 0.2C 放电过程中，50 次循环后不同 SOC 区间下的阻抗谱

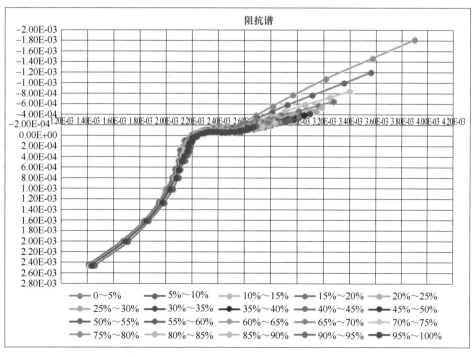

图 2-48 电池在 0.2C 放电过程中，100 次循环后不同 SOC 区间下的阻抗谱

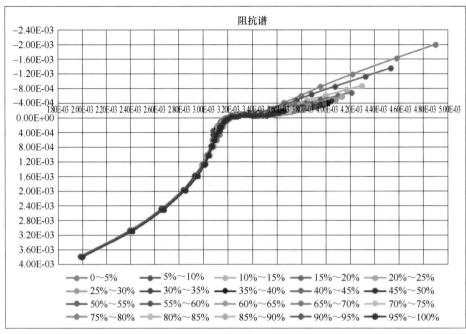

图 2-50　电池在 0.2C 放电过程中，200 次循环后不同 SOC 区间下的阻抗谱

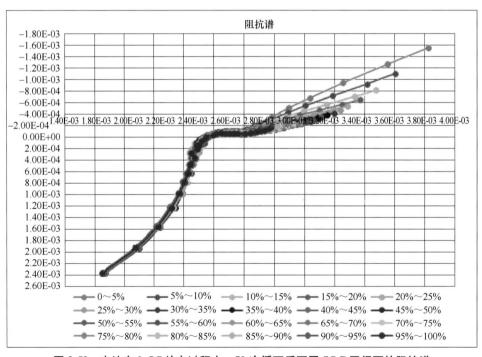

图 2-52　电池在 0.5C 放电过程中，50 次循环后不同 SOC 区间下的阻抗谱

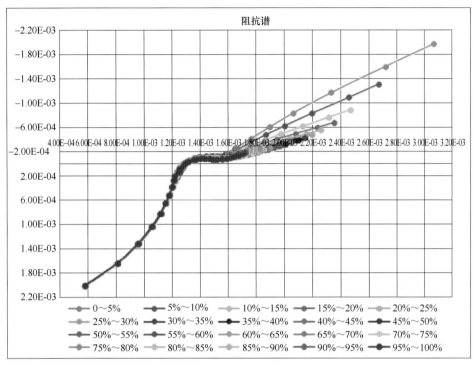

图 2-54　电池在 0.5C 放电过程中，100 次循环后不同 SOC 区间下的阻抗谱

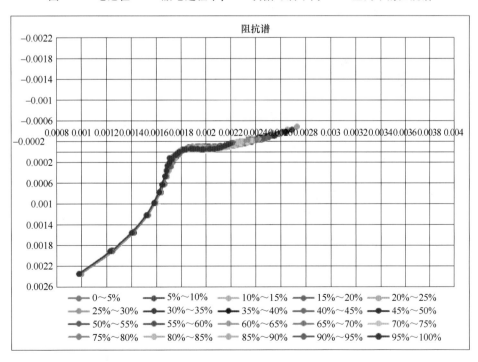

图 2-56　电池在 0.5C 放电过程中，200 次循环后不同 SOC 区间下的阻抗谱

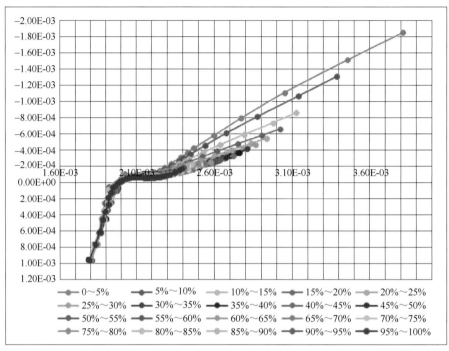

图 2-58 电池在 0.5C 放电过程中，300 次循环后不同 SOC 区间下的阻抗谱

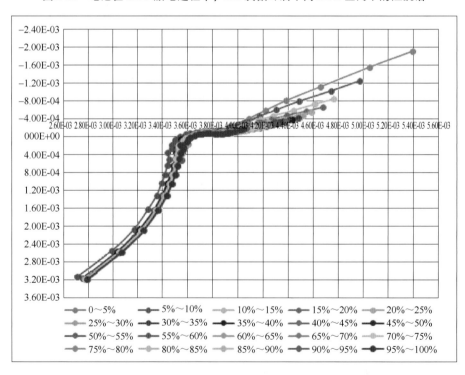

图 2-60 电池在 1C 放电过程中，100 次循环后不同 SOC 区间下的阻抗谱

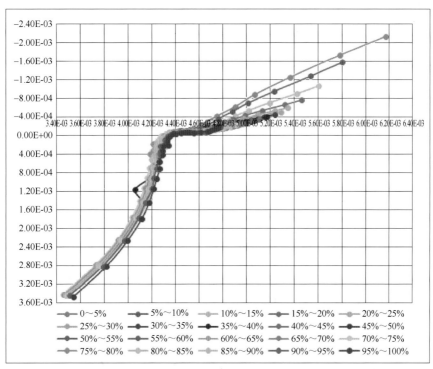

图 2-62 电池在 1*C* 放电过程中，200 次循环后不同 SOC 区间下的阻抗谱

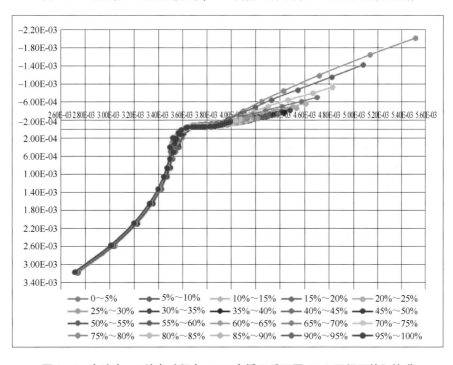

图 2-64 电池在 1*C* 放电过程中，300 次循环后不同 SOC 区间下的阻抗谱

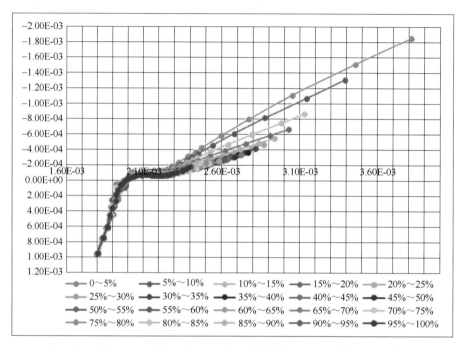

图 2-66 电池在 1C 放电过程中，400 次循环后不同 SOC 区间下的阻抗谱

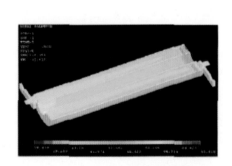

图 3-9 圆柱形电池温度分布图

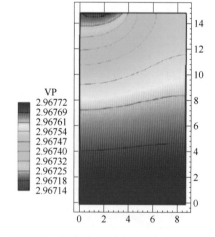

图 3-10 锂离子电池在 1C 放电工况下正极的电势分布图

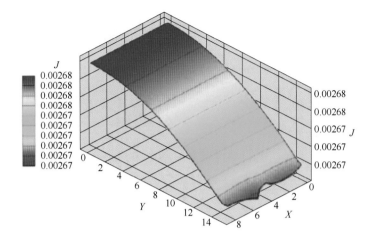

图 3-11 锂离子电池在 1C 放电工况下的电流密度分布图

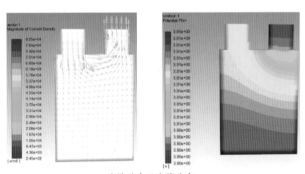

电流分布及电势分布

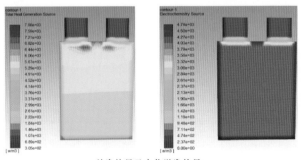

总发热量及电化学发热量

图 3-17 电池电流密度、电势及温度云图

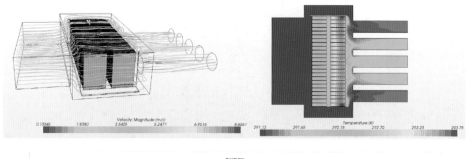

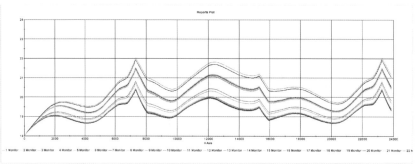

图 3-19　电池模块仿真结果示意图

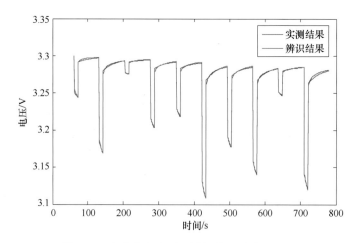

图 4-14　电池电压实测与辨识结果对比（A01）

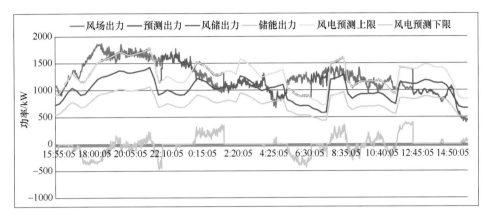

图 4-30　控制效果图

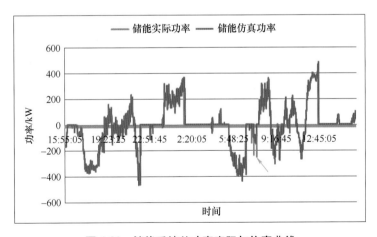

图 4-31　储能系统总功率实际与仿真曲线

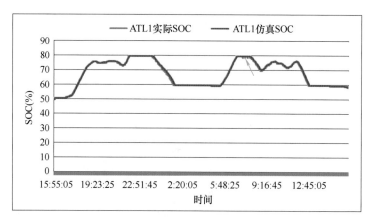

a) ATL1 SOC实际与仿真曲线

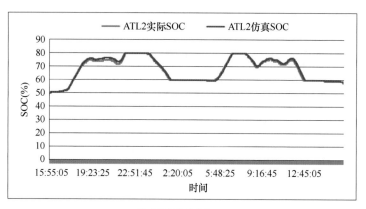

b) ATL2 SOC曲线

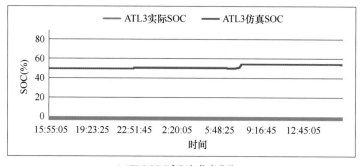

c) ATL3 SOC实际与仿真曲线

图4-32　各储能单元SOC实际与仿真曲线

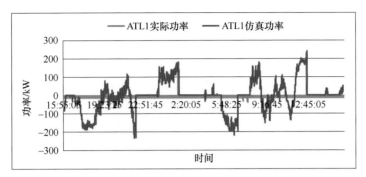

a) ATL1功率实际与仿真曲线

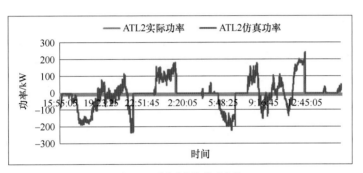

b) ATL2功率实际与仿真曲线

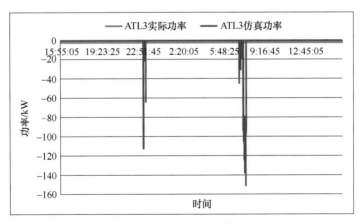

c) ATL3功率实际与仿真曲线

图 4-33　各储能单元功率实际与仿真曲线

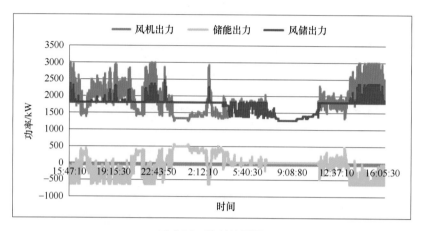

图 4-34　控制效果图

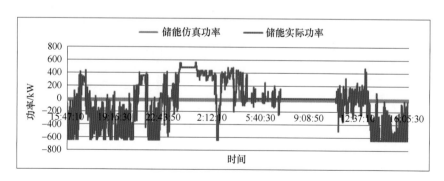

图 4-35　储能系统总功率实际与仿真曲线

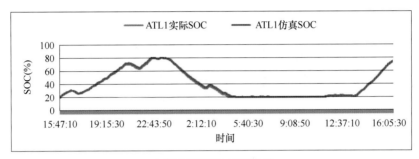

a) ATL1 SOC实际与仿真曲线

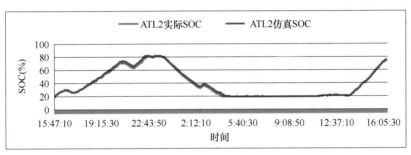

b) ATL2 SOC实际与仿真曲线

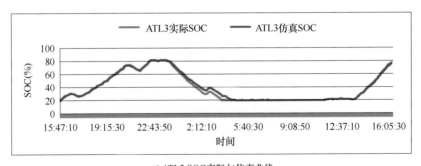

c) ATL3 SOC实际与仿真曲线

图 4-36　各储能单元 SOC 实际与仿真曲线

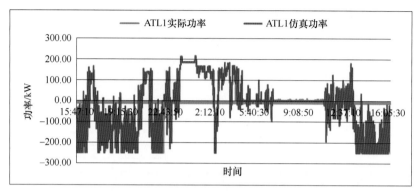

a) ATL1功率实际与仿真曲线

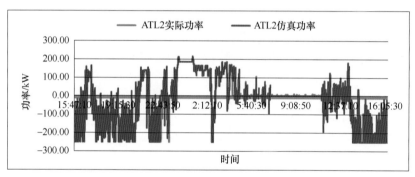

b) ATL2功率实际与仿真曲线

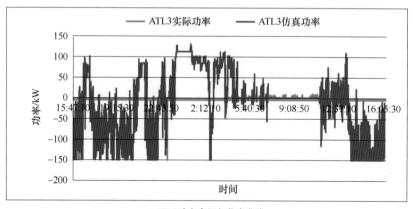

c) ATL3功率实际与仿真曲线

图4-37 各储能单元功率实际与仿真曲线

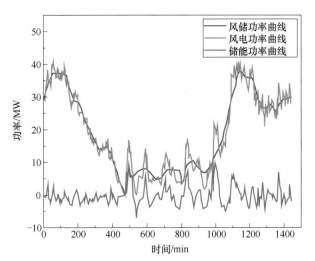

图 5-14　平滑控制效果图

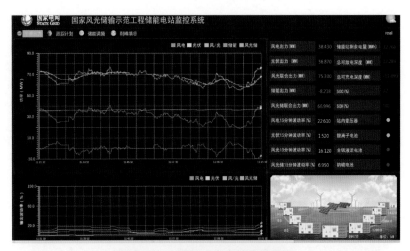

图 5-31　平滑风光发电控制效果图

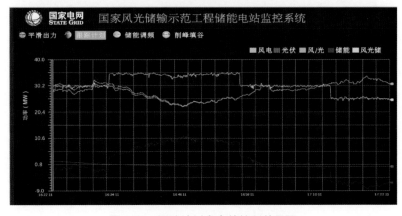

图 5-32　跟踪计划发电的控制效果图

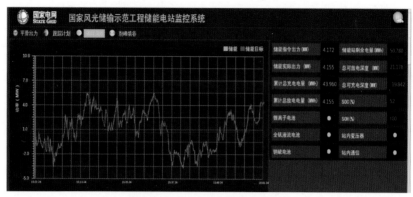
图 5-33　AGC 调频控制效果图

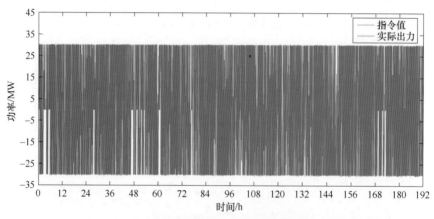
图 5-37　储能电站 8 天的功率曲线

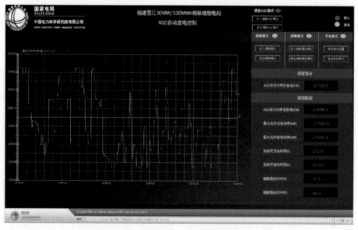
图 5-39　调度 AGC 调频实时曲线